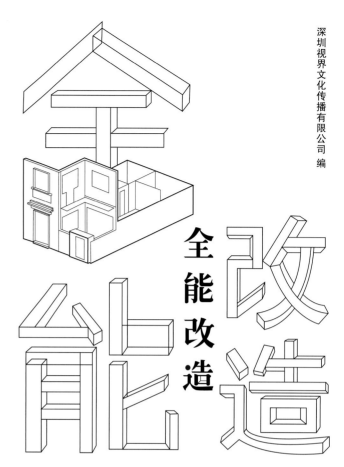

全能改造

住宅改造理论与实践

深圳视界文化传播有限公司 编

中国林业出版社
China Forestry Publishing House

INCREDIBLE RENOVATION
Theory and Practice of Residence Renovation

序言 PREFACE

改造需要因地制宜，见招拆招

——壹舍设计 方磊谈户型改造

在面积有限的居住空间里，户型格局直接关系到日常生活的起居点滴。如何使得户型格局与自身的生活方式相契合，并将生活美学践行于家中细微之处？户型改造便是一种有效的解决方式。通过改造能让空间变得更加合理舒适，让生活体验焕然一新。

户型改造要遵循"以人为本"的理念，要从人设架构、用户平日生活形态与习惯出发，进而发展出空间思考的规划逻辑，制定空间改造的设计方向。改造要对户型本身结构及材质进行综合分析，功能需求是改造的重点，当然还需看空间结构具备满足改造需求的可行性。

我把户型改造的困难点总结为以下几个方面：

第一，建筑结构是否符合可改造的空间方向，比如承重墙等干扰因素直接影响空间划分，是否能满足墙体的分割；

第二，水电系统改造取决于整楼管位的上下关系，更需要从整体上协调把控，尤其是涉及卫生间马桶位的设置时需要格外注意；

第三，应用到小户型里面，除满足功能性需求外，还要注重改造的生活物件与空间相结合，甚至涉及到锅碗瓢盆的收纳等。我曾在2016年改造上海南京路一套27㎡的老房子，一家三口都要居住其中，各功能空间要一应俱全，并且布局和使用都要合理，在这个项目中我便把生活物件与空间相结合进行设计思考。

在改造项目中，大空间改造和小空间改造的切入点有所不同。小空间改造难点更多，空间规划、收纳布置等需要更细致的设计，难度也相对更大，更考验设计师的功底；大空间的改造更多地考虑格局和业主喜好的问题。虽然看起来大空间可以伸展拳脚，但如果房子存在的问题多，设计师一样需要事无巨细地考虑周到。尤其是在改造一些小体块老建筑里的老房子，其结构不如新建筑的可塑性强，则更多地要考虑原建筑结构的牢固性。例如改造上海老弄堂的建筑，还需格外注重周边邻里关系的维护：由于本身空间狭小，在材料运输、施工等方面需要更多地考虑周边居民的感受与配合度，施工方需要根据设计进度做好相应的沟通计划，以确保改造工程顺利进行。

"改造"这个词，是一个旧与新的关系。改造就是要抛弃之前不合理的生活状态，加入新的元素融入其中，如前沿的智能科技、五金细部等，这些都能进一步提升空间的功能性与使用便捷性，给使用者提供一种全新的空间和生活方式。正如新加坡著名设计师Soo K. Chan所说，"设计师不是生活的掌舵者，却能让使用者看到更多的可能性与丰富性"。

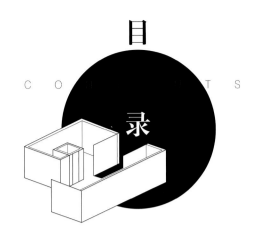

对谈　改造创造更加美好的生活

与共生思想的博弈，改造还原家的温度	
——访杭州时上建筑空间设计事务所创始人　沈墨	**008**

改造不仅仅是改造一间房子，它是一次全新的探索	
——访 B.L.U.E. 建筑设计事务所创始合伙人　青山周平	**010**

探究改造本质，践行生活美学	
——访上海目心设计　孙浩晨	**012**

第一章　格局不合理，如何提高全屋使用率

一座 50 年的老宅·处于闹市仍旧安宁 A 50-year-old Mansion · Still Being Tranquilness in Downtown	**018**
废墟上的家 The House on the Ruins	**032**
裱画世家的历史老宅，百年枣树下的诗意栖居 Historical Mansion of A Mounting Paintings Family, Poetic Residence Under the Old Jujube Tree	**048**
城市之森，无界之居 Forest in the Bustling City, A Home Without Boundary	**062**
能躺在沙发上看日出，是一种怎样的体验？ What Kind of Experience is Lying on the Sofa to Enjoy the Sunrise?	**078**
伸手就能触摸天空的美梦，终于实现了！ The Beautiful Dream of Touching the Sky with Hand Finally Realized!	**090**

是谁偷走了你家的阳光？ Who Steal the Sunlight in Your House?	102
看设计师改出自己的家 Appreciate the Designer Renovating His Own House	112
小隔断影响大格局，教你这样拆！ Small Partition Affects Large Layout, Teach You Demolish Like This!	122
破界，化规矩为不规则的闲适房 Break Boundaries, Turn the Regular Layout into Irregular Comfortable House	134

第二章　室内面积不足，如何满足功能需求

小小的手枪户型如何容纳一家7口？ How Can A Small Pistol-typed Layout Accommodate A Family of 7?	146
13步走完的家，竟是我们浪漫诗意的梦想家园 Walk Through Our Romantic and Poetic Dream House in 13 Steps	158
延续珍贵记忆，在新与旧之说中重塑老房子的生机 Continuing Precious Memories, Reshaping the Vitality of Old House Between New and Old	174
育儿之家·给孩子一个完美童年 Parenting House · Give Children A Perfect Childhood	188
奇思妙想，看设计师如何改造魔术师的家？ Appreciate How the Designer Transforms Magicians' House with Brainstorms?	200

第三章　空间环境差，如何改出舒适美观宅

独家大揭秘,热带度假风情住宅的改造之路！ Exclusive Disclosure, Renovation of Tropical Vacation Residence!	212
旧宅变豪宅，就该这样改 Renovate Like This, Old House Becomes A Luxury Mansion	230
单身科技男的住宅改造 The Residential Renovation of A Technical Bachelor	244
独享一处好风光，共奏两代人的协奏曲 Enjoy A Beautiful Scenery, Play A Concertos of Two Generations	254
中西混搭，绘出魔都的慢生活场景 Integration of Chinese and Western, Depicting the Slow Life Scene of Shanghai	264
奢华而又独一无二的折衷主义美学 The Luxurious and Unique Aesthetics of Eclecticism	274

对谈

DIALOGUE

改造创造更加美好的生活

与共生思想的博弈，改造还原家的温度

——访杭州时上建筑空间设计事务所创始人 沈墨

20世纪80年代，第二代日本建筑师黑川纪章提出了共生思想，主张异质文化的共生、人与技术的共生、内部与外部的共生、人与自然的共生等，认为每一种文化都应当培植自身的技术体系来创造特有的生活方式，探求共同的平衡点，将生命与建筑相连。

近年来，面对国内纷繁复杂的社会环境和住房日益多元化的趋势，越来越多的设计探索住宅与自然的关系，思考共生思想。沈墨便是共生思想的坚定倡导者，应用共生思想这一建筑思想系统，追求人、建筑与自然的融合，与人文风俗相契合。

您从事设计12年多，接触过不少改造项目，改造项目最先考虑的是什么？

沈墨：对于改造项目，很重要的是要对现场情况、居住者的生活状态以及我们要带来什么有一个全面的了解。面对业主交给我们需要改造设计的房子，我们一开始需要了解清楚这个房子的空间环境、居住者在房子中的生活状态以及他们的需求，这样才去思考这项设计，从而进行设计定位，确认我们要通过改造给房子和居住者带来什么。

您刚才提到房子的现场情况，这对整个改造有怎样的意义？

沈墨：对改造尤其老房改造来说，现场情况是非常重要的。我们要结合原有的建筑、环境和各种因素，做一个系统的分析，然后开始对拆改设计一个方案，而这个方案一定是要因地制宜的，符合原有空间的延续。在此条件上，我们再在原有的基础上展开专业的设计，并引出新的生活方式。

对于房子的优缺点，您是怎么平衡改造与他们的关系的？

沈墨：每间原有的房子都有自己本身的优缺点，其中一些原来的优点是需要保留的，或者是能够重新利用，我们要学会将它们的优势放大并使之现代化。比如我们2017年改造的南宋御街宅院，院子里的树木、

沈墨 杭州时上建筑空间设计事务所创始人、设计总监，亚太新锐设计师，共生思想、生态设计的应用者。以生态系统为设计理念，考虑时间与空间的建筑关系设计，不断寻求设计与人以及环境共生的道路，营造愉悦自在的气质美学空间。主要作品有南宋御街宅院改造、玉皇山阁楼改造、清迈陌隐湖畔泳池别墅改造、大象艺术馆、塔莎杜朵民宿等。

大象艺术馆

老墙砖瓦和用过的家具都倾注着居住者多年的情感,也是房子固有的优点之一。这些事物是有温度的,而温度是可以传递的。如果用全新的材料堆砌会明显地缺少温度和情感,所以我们在改造的时候留下了许多老物,同时挖掘它们的作用,让它们以新的形式融入到改造后的房子中,继续发挥功能,延续温暖。

您在对待房子老物件的去留上是非常谨慎的吧?

沈墨: 老房子原有的一些元素和一些记忆点,是很奢侈的,因此我们需格外谨慎。比如故人留下的生活记忆,是需要传承给家族后人的。作为设计中的乙方,原则上不应该过多干涉,但我认为把记忆完全抹掉的做法是不值得提倡的。我们能做的是用专业的知识和素养把房子设计得更舒适、宜居,与此同时尽量让记忆的载体保存在房子里,也就是给家换个新颜,但家的情愫依旧在。

这并不意味着要盲目保留,在实际中要做到有取舍、有增减。在现有的环境下,需要融合新的品质生活,达到现在的居住要求,比如设备、水电、智能等这些怎么改、怎么优化?也因为这点,改造项目在前期的分析中需要做大量的调研工作,然后结合设计理念,做一个延展的空间呈现。

清迈陌隐别墅

在改造时,您会为作品特地营造某种风格吗?

沈墨: 作品不是风格化的,房子也不是模式化或者照搬的。我们不会故意去融入某种风格的元素,而是以实用功能为主,在一步步为居住者考虑的过程中,让房子自然而然地变成了大家现在看到的样子。

当然,如果居住者对某种风格特别喜欢或者希望在房子里呈现某种风格效果,那我们就要考虑在作品中如何融入这种风格元素,以什么样的渠道和形式加入,把握元素运用的度,做到融入有序,避免杂乱无章的叠加。

可以跟我们谈谈这些年关于改造的心得与感想吗?

沈墨: 建筑的改造是一门科学和专业的复合,是给居住者改造一个舒适的生活系统,而且这个系统要包容所有的家庭成员,以及他们的客人朋友。除了这些基础功能,我们还需要考虑精神层面的设计,让改造达到最终的预想,并符合居住者的生活气质。只有这样,我们才能在心理和精神方面有所享受。

至于整体的改造,我一直坚持围绕共生思想来做,这关系到各种关系之间的处理和融合,保证做到形成完整的生态系统,促进建筑、自然与人的友好共存、对话,营造愉悦自在的居家氛围。

清迈陌隐别墅　　　塔莎杜朵

改造不仅仅是改造一间房子，它是一次全新的探索

——访 B.L.U.E. 建筑设计事务所创始合伙人 青山周平

社会发展日新月异，人口流动和人口迁移现象不仅影响了房地产行业的持续升温，也使人们重新考虑住房尤其老城区和老房子的状况。在新与旧之间，如何将老旧的场所转换为新的现代人宜居的生活空间？如何让老城区焕发鲜活的生命力，让老虽老、旧则旧但并非糟粕的老房旧房"脱胎换骨"？这日渐成为我们必须面对和着手实践的问题，而如何找到一个逻辑，将这一理想实现，值得我们所有人思考。

日本建筑师青山周平坚信，"美丽的东西背后是逻辑"，我们也相信"舒适，是一个家的标榜"，由此，一起探索改造的奥妙。

现在很流行对老房进行改造，您也做过不少老房改造项目，对老房改造您有怎样的理解？

青山周平：对我而言，老房子改造其实不是一个单独的项目，更多的是老城区的改造、城市更新的项目。北京的老房子很多情况是一样的，老房子的建筑情况，它的结构、尺度、高度、材料、平面等，以及住在里面的家庭的情况、问题，很多方面都是统一或类似的。

老城区改造最核心的问题是怎么样把老的房子改造成现代人尤其是现在的年轻人喜欢的样子，符合他们的生活追求。如今，越来越多的年轻人离开老城区，老城区变成了老年人的城区。这不仅仅是老年人的问题，北京、西安、苏州和京都的老城区都存在这样的问题。问题的原因是老房子还是好看的，但是年轻人没有办法接受老房子里面的生活。这里面有很多原因，比如面积、通风采光、卫生间、冬天取暖等，所以我们改造的重点是把年轻人的生活及其活力引回到老城区里面，丰富老城区的人群和生活，这对老房子和老城区都是很重要的。

您曾说在改造中会比较重视通风、照明、取暖这三点，您具体是怎么处理的？

青山周平：每一个项目都是不一样的，南方和北方的项目也不同，我们重视的点也就不同。比如在胡同项目中，我们会尤其考虑通风和采光问题。北京的纬度比较高，而且很多老房子是两三座挨着的，房子和房子中间没有空隙，很多都是共用一个墙面，没有办法开窗，导致房子通风采光不好。在改造的时候，我们会结合天窗的设计，来解决通风和采光的问题。

针对年轻人，在改造的过程中，您会怎样做有差别的设计？

青山周平
Aoyama Shuhei

B.L.U.E. 建筑设计事务所创始合伙人、主持建筑师，北方工业大学建筑与艺术学院讲师。2003年毕业于大阪大学，2005年获东京大学硕士学位，2014年于北京创立 B.L.U.E. 建筑设计事务所。项目实践遍及国内外，类型包括小型建筑、新型零售空间、老城区微改造、城市更新乃至对生活方式的试验性研究等。

青山周平：年轻人的生活需求不一样，我们要通过设计解决问题，包括易被忽视的卫生间这类基础设施问题，从而改善总体情况。其次，设计本身需要现代化，一方面尊重老房子原有的样子，但同时需要结合现代的设计、现代人的喜好和审美，不是说模仿、模拟老房子的设计，保留原来的东西，而是按照现代时代的审美，把它改造成现代的样子。毕竟我们改造的房子不是历史保护建筑，如果是才需要保留原来的样子，但我们改造的都是生活的建筑，因此在尊重和舍弃间要找到一个平衡点。哪个地方需要保留，哪个地方需要彻底按照时代审美和需求进行改造，需要设计师的判断。

白塔寺胡同大杂院改造

南锣鼓巷大杂院住宅改造

灯市口L形之家

有人说您的改造作品偏向日式风，您一般是怎么选择设计元素的？

青山周平：我不是想做日本的东西，因为这是在中国做项目，套用日本的元素逻辑上是不对的。作为设计师，我肯定是想做我喜欢的空间，而我喜欢的很多事物多多少少都带有些日式的感觉，但实际上我选择材料更多是出于设计师的专业和职责考量。比如我会在作品中设计泡澡的浴缸，很多人觉得这是日本元素，其实它和国度没有关联，只是我认为对于大部分人而言，泡澡是特别舒服的体验。有可能中国的文化中泡澡文化比较少，但我相信中国人会越来越喜欢这种体验。所以，我会把自己的判断和居住者的喜好相结合，找寻相通的部分。

您一般是怎样去平衡私人空间的隐私性和公共区域的开放性？

青山周平：随着社会发展，家庭结构由爷爷奶奶、爸爸妈妈、孙子构成的主干家庭越来越变为爸爸妈妈和孩子构成的核心家庭，住宅因此也更多地转变为两室一厅、三室一厅的格局。住宅模式也是按小家庭设计的，而大城区渐渐地变成一个人的家庭的城区，越来越多的人一个人生活。比如东京，爸爸妈妈和一个孩子、爸爸妈妈和两个孩子这种模式占比很低，最多的是一个人或者两个人的家庭新状态。住宅就需要按照这种变化而变化，共享的生活模式适合一个人的家庭城市生活模式，所以我对探索新时代新家庭状态下的生活空间比较感兴趣，而共享社区是其中一种可能性的探索。

过去以父母为核心的小家庭时代比较私密封闭一些，和外面的城市保持距离，家庭成员组成相对完整的生活。新趋势下，如果家庭变成一个人的形式，由于个体对其他人、事物的需要，他就不一定需要过多的私密性、封闭性，所以私密性是一个需要再探索的问题。

回过头来看，过去的时代里，家庭住宅的私密性并没有很高。过去的农村住宅并不只是家庭成员的私密生活空间，更是工作、社交、接待等结合的相对开放的生活空间。工业革命之后，工作和生活逐渐分离开，家庭演变成家庭成员独立的私人空间。这也说明，家庭住宅本身的封闭性跟随时代不断变化发展，在改造时应根据当前的形势和未来的趋势，在满足使用者功能需求的过程中，进行适度的取舍。

改造的房子投入使用后，有些居住者会让一些改造失去了原来的效果或者预期，您怎么看待这个问题？

青山周平：居住者按照他的方式、需求去使用和改变自己的空间，这本身是没有问题的。设计师的改造不是希望控制使用者的生活方式，我们负责改造他的生活容器，这时房子是一个物理空间，而使用者按他的想法在里面营造他的生活，让这个容器慢慢变成他的家。

这和城市一样，我们住在城市里，城市也有设计者。城市应该是我们使用它，按照我们合理的想法去改变、使用它，而不仅仅是按照城区规划、设计师或政府的想法去使用它，这应该是使用者的一项合法的权利。

在日本和中国进行设计改造，您的侧重点会不一样吗？

青山周平：前段时间，我们在北京、苏州、京都都改造了老房子，3个项目的具体情况肯定不同，但大方向是比较一致的，即保留老房子有保留价值的部分，彻底推翻、改造不再具有价值的部分。面对老房子、老环境的时候，我会依据背景，从我个人的视角去观察和判断，然后按照现代的方式去改造，保证基本的生活质量，给老房子新的活力，使其适合使用者的生活起居。

探究改造本质，践行生活美学

——访上海目心设计 孙浩晨

03 对谈 DIALOGUE

2015年孙浩晨找到老同学张雷，创立了属于他们自己的设计研究室，取名"目心"，意为"用眼发现，用心创造"，致力于探索"小而美"的空间。他说："设计的核心是解决问题和规避问题。"设计最难的同时也最有趣的就是过程吧！

山本耀司说："自己是看不见自己的不足的，只有与很强的、水准很高的人相碰撞之后才知道自己是什么水平。"从业至今已有五年，游走在设计圈中，孙浩晨设计师越来越认识到自己还有很多不足，只有与行业内积极向上的小伙伴们共同探讨，才能不断促进自己去学习。

未来五年，他希望可以带着自己的团队从国内走出去，在不断观察和研究其他国家设计的过程中更多地发掘一些能与中国特色相结合的设计，例如欧式的混搭、日本"断舍离"的居家文化等。他希望能够有机会把自己对于中国文化的理解展示在世界的舞台上，让更多人能够看到中国新生代设计师的所思所想。这种"文化"不仅局限于探究中国传统文化或者再生文化，而是成长于中国的青年设计师内心深处对世界文化最真实的理解。

孙浩晨 新生代青年设计师，2017-2018年度中国设计星亚军。毕业于东华大学艺术设计学院，曾就职于日本MAO一级建筑事务所，被意大利著名建筑设计杂志"DOMUS"评选为"创意青年100+"。

（左）张 雷
（右）孙浩晨

当下是一个追求个性化的时代，一个软装项目有诸多可能，在众多设计风格中您是如何取舍的？

孙浩晨：使用需求塑造风格，同时导向"去风格化"

我觉得一谈到软装，很多人包括很多设计师都会联想到各种各样的主题风格，例如法式、北欧、美式等，美式风格里又可以细分出美式工业风、美式奢华等。但是大家可能都忽略了一点："家"是居住空间——这一本质。

其实，很多国家的设计是没有明确划分风格的，比如说日本，日式居家设计会更讲究舒适性，而这个舒适性跟设计尺度、使用材质相关，并不完全取决于装饰性元素。因此我们做设计应该更关注空间设计、布局规划，让居者在家能感觉到生活的便利、舒适。换言之，我们做设计并不

黑白复式

一定要做成某种风格，不同项目的语境、背景、业主的喜好都是不一样的，所以不同的项目必然是千差万别的，非一个风格可以概括。

改造的本质是找寻一种生活状态

举个例子，业主说他很喜欢北欧风格，但"一千个读者就有一千个哈姆雷特"，设计师理解的北欧风格跟业主理解的肯定不完全一样。很多人说喜欢北欧风格的设计，实质上并不是指"北欧风格"本身，而是希望达到一种稳定的怡然的生活状态，当他们无法描述这种状态的时候，只能通过照片、影像来表达。

在交流过程中，我们需要了解业主的品位、喜好、生活习惯等等。每个人的需求不一样，我们需要找到业主的本质需求，而不是停留在表象（如单纯的北欧风格），尤其是住宅改造，有些客户会根据自己的喜好购买很多家具，但最后发现这些美观的单品放在一起非但没有预期的效果，反而显得很杂乱，这说明美观的家具并不是他们的本质需求。

某种程度上，设计师好比料理师

有一个关键点：设计师最重要的能力是合理地整合、分配资源。设计师要能从冗杂的资料里找到有用的信息，并且合理地归纳。

我觉得这个跟做料理很像：我们会需要很多食材，烹饪的时候要搭配不同火候。有些食材用得多，有些用得少；有些食材可能会很贵，有一些会比较便宜，比如葱、姜、蒜，但却必不可少。也就是说，我们首先要知道客户喜欢什么口味的菜，而我们负责考虑这道菜怎样做才能兼备色、香、味，还能让他们吃下去舒服，在吃的过程中也保持这种舒适体验。

一个家需要的是"适合"

无论是简约还是繁复，是清新还是酷炫，都是客户个性的体现，是生活本质的体现。在改造项目中，尤其应该注意与客户的沟通，因为我们不单单是在制作自己的住宅或者参赛作品，而是切切实实在为客户创造一个适合的家。

方案设计过程中，设计师是主导，但不是主宰。毕竟"美"因人而异，我认为设计方案应该是设计师跟客户一起探讨得出的，这样才能更切合实际，我们更希望客户能够参与设计，而不单单是配合设计。

（左）慢办公 （右）Jump Hotel

改造项目怎么才能做到"适合"?

孙浩晨: *改造方案的中心是业主*

方案设计基本上是以业主为中心,以业主的需求为主。因为业主找设计师做改造,很多时候是因为业主有很多需求,或者是住宅存在一些业主无法解决的问题才会找设计师。在给客户解决问题的时候,我们主要是这么一个流程:提出问题——整理问题——设计方案——落地施工。

透过现象看本质

首先让客户提出问题。客户找设计师是因为现有的住宅有很多需求得不到满足,可能是功能上的需求、美学需求、使用需求等,在他提出问题的时候,我会发散性地发现更多问题,因为每个问题的背后可能隐藏着更本质的需求。例如客户会反映厨房不够大,或者是采光不足,但住宅改造牵一发而动全身,他对空间的整体认识不足,所以不了解出现的问题实际上是空间整体格局不合理导致的。

看旧房就像看中医

其次是理清住宅空间脉络。住宅是一个整体,像人体的筋骨,有自身的脉络,在做改造之前我们需要将整体脉络理清楚。由此可见,虽然客户可能只反映厨房的问题,但实际上我们会把除了厨房之外的更多问题都理出来。

如果我们只解决厨房的问题,而业主没有提出的或暗藏的问题没有被发现和解决,那么在施工过程中很可能会被其他浮现出来的问题牵绊。就像中医的"望、闻、问、切",有患者说他头疼,但根本问题可能并不是出在头部,想要根治就必须发现和解决根本问题。所以,我们做改造的时候,要全方面了解整个空间中除了客户反映的问题之外,还有哪些地方也存在问题。因此,在前期我们就会主动跟业主沟通,尽量把所有问题都提出来逐一解决好,如此一来做项目才能胸有成竹。

办法有很多,限制也很多

最后,当各种大大小小的问题都提出来之后,我们再利用发散思维提出解决问题的方案。一个问题会有多种解决办法,我们需要将办法罗列出来,再进行排序,综合选择一到两个性价比最高的去跟客户探讨,包括预算、施工时间等,通过讨论决定一个客户能够接受和满意的解决方案。如此而来的改造,才是设身处地地在帮客户解决问题。

条理清晰、划分主次

在一定的限制条件下,制作方案时我们会将客户的需求罗列出

园林小宅

盒中绿意

童心塑造玩趣空间

Pippa's apartment

来，按照使用频率、使用习惯对空间进行主次划分，合理分配资源，找出使用频率更高的地方重点打造。事实上每个空间都很重要，但在有限的预算、时间内，设计师要选择性地"放弃"一些地方，这些"放弃"的地方就是设计的次要部分。

软装设计改造中，您对灯光设计有什么见解？

孙浩晨：我很喜欢的一位建筑师阿尔瓦罗·西扎有一句名言："我希望我的建筑里要有光，但没有灯。"我们在设计灯光时会选择隐藏很多灯，因为很多灯如果直接暴露在外面，人看着很容易产生晕眩，所以需要通过漫反射、环境光、光影结合来营造居家氛围。

设计也强调团队合作、学科融合

我认为，灯光布置要有专业的供应商配合，一方面是灯光顾问，另一方面是好的灯具供应商。在项目设计过程中，如果灯光顾问或者是专业的灯具供应商能够尽早地介入、配合整体设计的话，可以给我们管理很多灯光情景，这些灯光情景也会反映到空间设计里面，辅助我们表达真正想要的设计语言，让整体设计从概念到落地都得到实现。

对于改造住宅的室内软装设计，您有哪些心得和体会？

孙浩晨：因为我本身是学建筑出身，以前我觉得似乎是建筑大于室内，设计中会强调空间，强调去装饰化。然而做过室内项目后我发现，虽然建筑与室内都为人服务，但室内会更贴近于人，包括材质、灯光、饰品等，这些都能够很真实地让人触摸得到，而很多大型公共建筑则很难让人获得可触摸的体验感。由此可见，改造住宅的室内软装设计是一件更需要了解生活的事情。

设计的出发点是"以人为本"

其实我更倾向于做一些硬装软装全包的项目，因为我们的设计工作起初并没有专门就软装与硬装进行划分，建筑与室内是不分家的。设计的目的是要营造出一种"以人为本"的环境氛围，这种氛围可以是静谧的、活泼的或者是热情的。实际上不管是软装还是硬装，只要通过一定的设计手法达到这个目的就是对的设计。

困在暴雨中的老宅，怎么样能变成如画的诗意居所？

功能间布局让人咫尺天涯，同一屋檐下相见何难？

拒绝原户型的多隔间设计，寻找适合你的"断舍离"！

光线不足就开灯？潮湿天气家里总有霉味？
设计师告诉你是格局问题！

受不了户型的规规矩矩？原来它也可以这样俏皮！阳台有点土？想让它变得更时尚、更休闲？

CHAPTER 01 ONE 第一章

全能改造 | Incredible Renovation

格局不合理，如何提高全屋使用率

A 50-year-old Mansion Still Being Tranquilness in Downtown

一座50年的老宅 处于闹市仍旧安宁

- 设计背景介绍
- 户型格局分析
- 改造要点难点
- 改造过程详解

环境的热闹是繁华还是扰民？老住宅区的高密度楼房没有安全感？
这个设计公司完美解决了这套老房的问题！

01 设计背景介绍 | Design's Background Introduction

从瑞士外派至台北工作的Nathan，由于喜爱台湾热闹和便捷的生活环境，选择了这幢位于密集住宅区的50年老屋。但这幢长形屋有着采光不足以及与对面房屋太近的问题，因此设计师以争取最多的光线为理念，将建筑物向内及向上发展，并解决了缺乏私密性的问题。

项目信息 | PROJECT INFORMATION

设计公司	KC Design Studio
改造设计师	曹均达、刘冠汉
项目地点	台湾台北
项目面积	138.8 m²
使用对象	外派至台北的瑞士人Nathan、其妻子与两个小孩
主要材料	扩张网、H型钢（平光喷漆白）、超耐磨木地板、玻璃、乱纹不锈钢本色、不锈钢冲孔板（平光喷漆白）、墙面水泥粉光等
摄影师	岑修贤

02 户型格局分析 | The Layout Analysis

既要私密性又要采光好，既要繁华又要安宁

① 房子位于老住宅区中，楼房密集，因为房屋距离太近造成隐私和安全问题。

② 长型屋空间的通病——采光不足。

③ 靠近著名旅游景点以及繁华夜市，噪音干扰问题严重。

改造要点难点 | The Key Points and Difficulties

将老宅改出时尚感

① 长型屋的原有格局将住宅缺点无限放大,新的空间布局规划是本案改造的关键。老屋已有50年历史,周围景致老、旧、差,且伴随着周遭的噪音干扰,怎样才能在一片老城区中改造出拥有宜居环境的新屋是本案的重点。

② 设计师面临的难题是楼房密集这一不可变的事实,如何设计才能解决居者缺乏隐私与安全感的问题,如何布局才能解决住宅采光不足?

改造过程详解 The Renovation Process Explaination

平面图 改造剖析

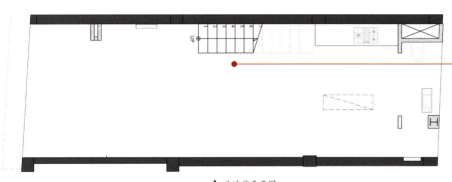

① 狭长走廊加重了住宅中部采光不足的缺陷,分布于走廊侧面的房间显得局促、环境昏暗。
② 原本的楼梯设置无美感,甚至给人以压迫感。

▲ 改造前平面图

▲ 改造后平面图

一层平面设计改造

▲ 改造前走廊、楼梯

| 改造后 |

① 开放式 LDK[1] 增加空间的视觉延伸感。餐厅串联一楼空间,让厨房融入整体,消除阴暗孤立感。

② 楼梯间纳入厨房范畴,底下装置烤箱、冰箱等。设计师对空间的高效利用让整个DK空间的设计自然舒适。

▲ 改造后楼梯

1 LDK:Living room(客厅)、Dining room(餐厅)、Kitchen(厨房)

二层平面设计改造

▲ 改造前平面图

① 改造前，二楼延续狭窄走廊的设计，浪费空间。
② 房间内没办法对外开窗，使得房间内压抑昏暗。

▲ 改造前二层走廊、楼梯

长型屋中段的采光天棚

| 改造后 |

③ 在长型屋中部打通采光天棚，完美释放住宅中部昏暗压迫感。
④ 分解狭长走廊，合理调整空间配比。住宅利用玻璃代替实墙作为空间隔断，增加光线穿透力的同时释放空间隔断的束缚，赋予空间时尚清透的审美体验。

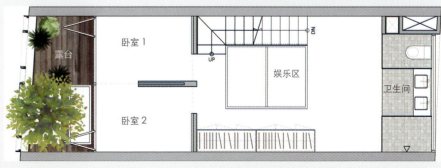

▲ 改造后平面图

三层平面设计改造

▲ 改造前平面图

▲ 改造后平面图

▲ 改造前走廊

实墙隔断让空间充满压迫感。

改造后，采光天棚区域主要开发收纳功能，避免空间浪费，同时避免设计廊道增加长型屋的缺陷。

| 改造后 |

⑤ 通常情况下，实体隔断、开窗小使长型屋采光会受到阻碍，设计师可以通过拆除实墙隔断、降低窗台、增加窗户面积等方法使自然光线进入室内。

解决采光问题分析图例

引进日光，布置植物改善室内绿化环境与空气质量。

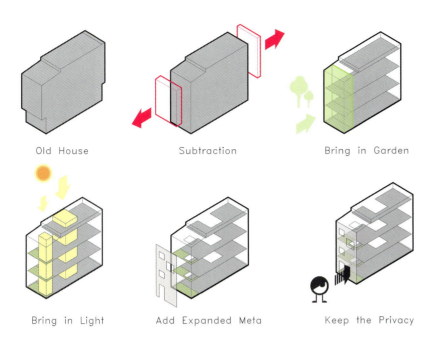

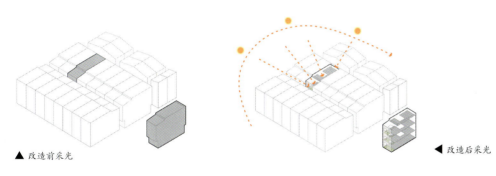

▲ 改造前采光　　　　　◀ 改造后采光

▲ 电梯立面

▲ 立面

建筑外观 改造剖析

▲ 改造前外观

① 将建筑物向内、向上发展，扩大楼与楼的间距。
② 平光喷白漆的不锈钢冲孔板的使用效果一箭双雕：增强房屋的采光与通风性能，同时还能适度增加空间视觉延伸感，缓和空间压迫感。

舍弃传统阳台，换来安全感与舒适感

设计师：在缺乏隐私性及观赏性的条件下，我们决定将建筑物向内及向上发展。将各楼层前沿向内退缩，在街道及居住区域之间形成缓冲的半户外空间，并透过扩张网的半透明性及立面的开窗适度隔离外界环境，但又不影响引入自然光线、空气和雨水。

另外，设计中也舍弃了房屋后方原有阳台，让原本与后面房屋相邻40cm的距离拓宽至90cm，并将配置在后方的厕所以玻璃作为隔间，争取最多的自然光进入。

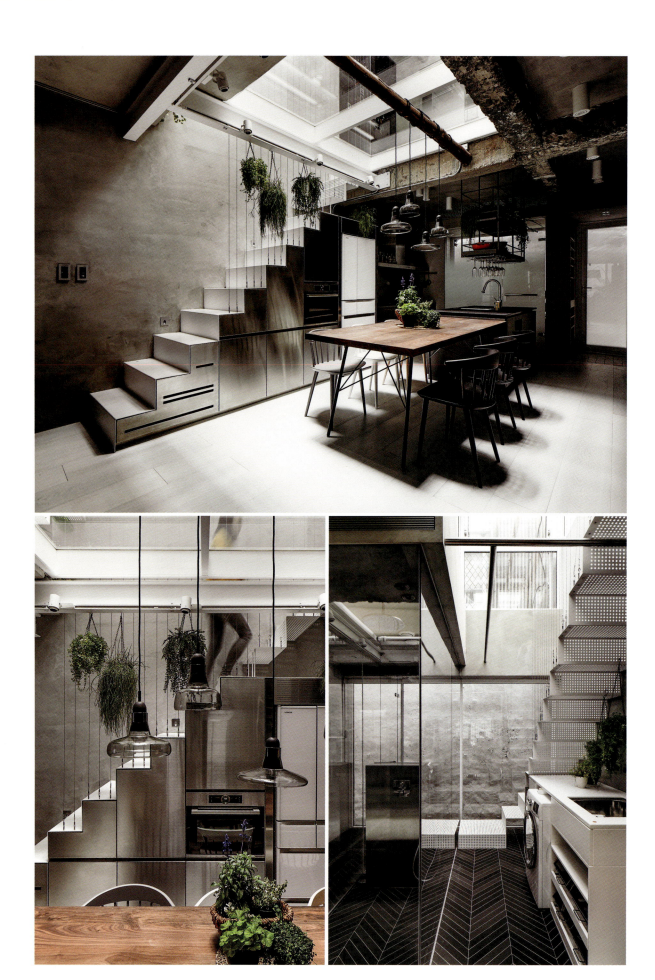

室内绿植 改造剖析

| 增加室内绿植，改善室内环境，减小噪音干扰，增强宜居性 |

设计师：大型植物对噪音有隔绝作用。我们在住宅正面摆放许多绿色植物不但能够减少室外噪音对居者的影响，还能改善室内空气质量与景致。

透过挑空及天井连结了三层楼的半户外区域。一楼阳台作为玄关能有较好的采光；二楼的树及绿植极大程度地减少室外不良环境对室内居住体验的负面影响，还能增加小孩游戏区域的延伸；而三楼主卧房也能同时观赏到树冠的绿意。

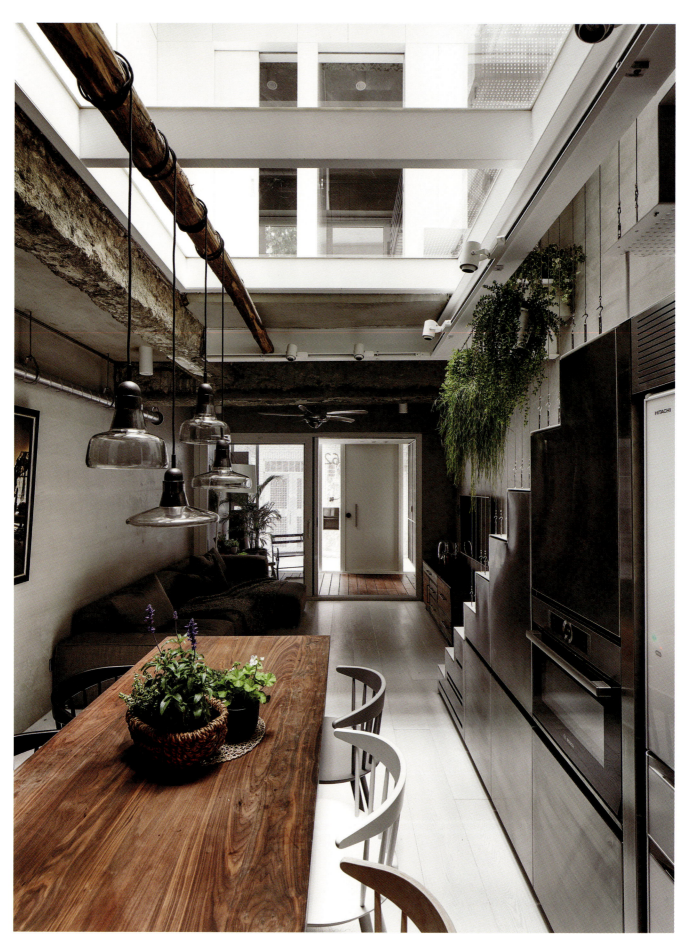

廊道 改造剖析

利用易穿透性材料，充分引进自然光

光线及新鲜空气决定居住者对空间的舒适感受，透过前后方的大面开窗及中间采光天棚让阳光自由穿梭在房子的各个角落。中间天井采用玻璃保有原本楼层面积，冲孔铁板楼梯让上方阳光能够轻易穿透。

1 FIRSTLY

如何留住室内的日光，给居室一片光明

设计师：利用白灰色调的自然质感能够辅助阳光在室内的反射，并与玻璃的折射光线相得益彰。室内以白色木地板铺设，壁面则以水泥粉光作为完成面，辅助以不锈钢、实木、玻璃等材料，营造一个简约时尚的室内环境。

原本的梁及补强结构不刻意修饰或包裹，让新旧材料同时存在于空间中，显示出老屋改建特有的空间质感及氛围。

靠墙的收纳柜

2 SECONDLY

巧妙布局，空间的整洁度取决于收纳功能

设计师：每个楼层皆以开放平面处理，在宽度仅有3.7m的条件下，将必要的收纳柜体全部靠墙换取最大的室内使用面积。

全能改造 / Incredible Renovation

全能改造 / Incredible Renovation | 031

The House on the Ruins

废墟上的家

- 设计背景介绍
- 户型格局分析
- 改造要点难点
- 改造过程详解

百年老宅的重生之作
现代设计手法与传统苏式建筑的完美结合！
设计师为花甲老人创造的归根之家！

01 设计背景介绍 | Design's Background Introduction

已到花甲之年的汪景浩出生在苏州。三岁时，由于父母的工作，举家迁往南京。而后，祖宅越来越破败。汪景浩曾想过把祖宅整修好，但接连的意外击碎了老汪想修葺祖宅的梦想。

现在汪景浩已六十多岁，看着已成废墟的祖宅，却无力修葺。他常常跟女儿说："爸爸老了，想回去了，但是家没有了。"而充满孝心的女儿希望通过设计师帮父亲完成这一心愿——落叶归根。

项目信息 | PROJECT INFORMATION

设计公司	上海亚邑室内设计有限公司
改造设计师	孙建亚
项目地点	江苏苏州
项目面积	195 m²
使用对象	花甲老人的一家
主要材料	橡木地板、人造木贴面、原建筑老砖、黑钛拉丝不锈钢、PANDOMO 等
摄影师	孙建亚

02 户型格局分析 | The Layout Analysis

家族老宅的完美转身，要时尚也要实用

① 老宅始建于清末，是汪家的祖宅，现几乎成为废墟，无法住人。除去天井面积，整个房子建筑面积只有 96.41m²。原是五进大宅，现只有第二进尚存。

② 汪家祖宅的北墙和西墙与邻居紧紧相邻，周围邻居都加盖了二楼，因此，老宅要面临的一个重要问题就是——采光与通风。

改造要点难点 | The Key Points and Difficulties

创新设计手法,还原江南苏式宅邸

① 老宅原有的开窗非常小且少,给室内的采光、通风形成阻碍。因此,增强空间的采光、通风性能是关键。

② 老宅易受江南多雨潮湿天气侵袭,全屋防水成了设计重点之一。

③ 平江路步行街机动车辆无法进入,所有大型器械都不能用,因此,全人工作业成为这次重建项目中所有建筑材料、施工垃圾运输的唯一方式。

改造过程详解 | The Renovation Process Explaination 04

平面图 改造剖析

◀ 改造前平面图

入户门边是一条狭长公共走道,也是这条巷弄里所有住户回家的必经之路,进入汪家老宅的通道最宽处90cm,最窄处仅有70cm,从街口到老宅距离将近100m,出入安全得不到保障。另外,加上狭窄弯道,施工中运输材料成了大问题。

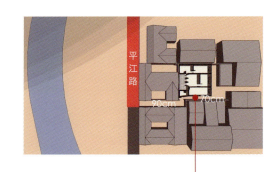

▲ 狭长的公共走道

| 改造前 |

① 老宅大门原开在较为开阔的东面,现今被移到了阴暗狭窄的公共走道上,出入安全得不到保障。

② 位于公共走道的南墙距离邻居的墙体最宽处也只有80cm,只有东墙可以采光。

③ 祖宅经常遭受江南多雨潮湿气候的侵袭,严重影响住宅的室内环境。

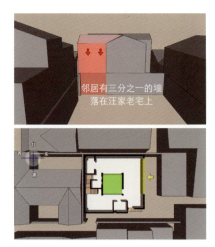

▲ 改造前模型分析

▲ 一层改造后平面图

| 改造后 |

① 设计师对汪家祖宅的室内功能区进行了重新划分，将一楼客厅移至阳光充足的东面，将天井置入住宅中间形成回字形的格局，外加新搭建的阁楼和露台设计，使得整个屋子都明亮了不少。采用大开窗增加老宅的采光与通风，昏暗潮湿的废墟老宅经过改造一下子变成了现代感十足的苏式民居。

② 在天井、二楼露台等增加景观设计，改善居住环境，让旧宅焕发活力。

③ 对空间的利用做到了极致，给住宅做了阁层，设计出了二层空间留给汪老的女儿一家，充分满足住户的使用需求。

④ 由于斜坡屋顶高度的限制，隔层东、西两面的层高较低，使人无法站直。设计师将东面的两个斜角空间打造成两个大露台，不仅可以改善阁层的采光与通风，还可以补充楼下客厅的光源。

▲ 二层改造后平面图

▲ 一层收纳示意图

▲ 二层收纳示意图

| 收纳改造 |

1 FIRSTLY

合理归纳收纳空间，为生活探讨长久之计

设计师：充足的收纳空间能够尽可能长时间保持住宅的整洁清爽。本案的收纳空间大多数设置在西面，一层的玄关与茶室增加了收纳功能，大部分向阳的东面都给采光创造条件。

◀ 改造前的开窗小，采光差

客厅 & 茶室 改造剖析

| 采光改造 |

② 大开窗是争取采光最直接有效的方式

SECONDLY

设计师：清晨的第一缕阳光，悄悄地洒在苏式建筑独有的白墙、灰瓦之上。玻璃与原木的结合又使整个建筑拥有了简洁明朗的现代气息。

客厅保留了建筑的原有高度，挑高空间让视野更为开阔。超大的玻璃窗充分引入自然光，使整个室内更为明亮柔和，充满了朝气与活力。

以天井为中心,形成回字形结构。

▲ 一层采光示意图

▲ 二层采光示意图

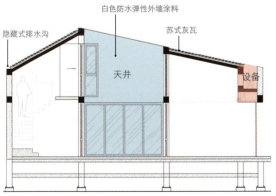

▲ 剖面图

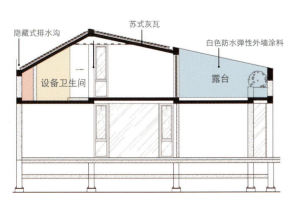

▲ 剖面图

3 通过天井进行采光与通风

THIRDLY

设计师：严格按照苏式民居风格，采用硬山屋顶。把天井从原先进门处移至老宅中央，形成回字形，通过天井来采光、通风。还在唯一有采光的东面增加了一面超大玻璃窗，进而让室内的光线更充足。

▼ 采光天井夜景

4 改造之全屋防水

FOURTHLY

设计师：江南多雨，位于苏州的老宅经常受到潮湿天气的侵扰，因此改造中很重要的一点就是要做整体的全面防水。由于一楼较潮湿，墙体涂料全都采用柔性防水涂料。除了屋面，在天井增加集水井，甚至连公共走道及与邻居相接墙体之间的防水也考虑在内，给住宅套上严实的防护罩。

▼ 改造后餐厅

餐厅 改造剖析

▼ 改造前废弃的老宅

全能改造 / Incredible Renovation　|041|

卧室 改造剖析

| 一层主卧 |

1 FIRSTLY

只有设身处地为住户着想才能做出最生活化的家

设计师：一楼的主卧专为两位老人而设，原木色的地板、白色的墙面，干净而明亮。超大的储藏空间，满足了一家人的储物需求；在床头柜、储物柜中合理设置光照，方便日常使用。
装饰面板采用伸缩纹，不仅美观有设计感，而且方便维护、消除开裂隐患，而家中许多家具都是我亲自为汪家人设计定制的。考虑到汪家老人的身体条件，我在客厅以及餐厅地面都采用了特殊材质，连卫生间的各种设施也是都经过悉心考量。

| 二层次卧 |

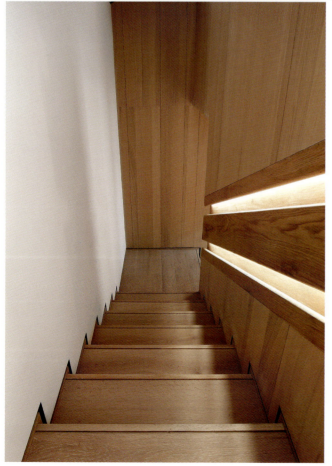

2 利用垂直空间，将住宅的包容性发挥到极致

SECONDLY

设计师：拾阶而上，二楼的两间套房留给了女儿一家。新增的两个宽敞露台不仅补充了二楼的采光与通风，还给一家人增加了亲近自然、休息与放松的场所。由于城市规划，老宅高度被严格限制，但设计方案依然增加了阁层，虽然牺牲了层高，但增加了很多空间。对于尺寸把控非常严格，比如水泥浇灌楼板厚度只能10cm，预埋在楼板中的排水管也在屋顶钢梁中。

露台
改造剖析

打造与自然环境、社会环境融合的建筑外观

设计师： 在这个古韵十足的城市里，汪家祖宅位于苏州历史风貌保护区内，如何让建筑与当地的传统建筑风格融为一体是个值得思考的问题。我们采用硬山屋顶的设计不仅使整个屋子在造型上更为新颖，也让住宅在空间利用上更为开阔和自由，非常和谐地将现代设计手法与具有传统特色的苏式建筑融为一体。我们利用斜坡屋顶，在层高不够的地方为阁层上的两间套房各打造了一间卫生间。顶脚线、踢脚线、木饰面伸缩缝的运用不仅实用，而且美观，让整个空间的线条更为流畅。

Historical Mansion of A Mounting Paintings Family, the Poetic Residence Under the Old Jujube Tree

裱画世家的历史老宅，百年枣树下的诗意栖居

- 设计背景介绍
- 户型格局分析
- 改造要点难点
- 改造过程详解

困在暴雨中的老宅，怎么样才能变成如画的诗意居所？荒废的大庭院，还能有更好的用途吗？

01 设计背景介绍 | Design's Background Introduction

杭州南宋御街，是南宋都城临安铺设的一条主要街道，也是临安城的中轴线。如果说一条街能代表一座城，王府井代表北京，夫子庙代表南京，平江路代表苏州，那么在很大程度上南宋御街代表的便是杭州。这个需要改造的家就在南宋御街上。与这条街的历史地位和现代旅游意义相比，它是困在暴雨中的杭州百年老宅，93岁的裱画师不愿意离开这个家。设计师本着新匠人致敬老匠人的心，重绘依山傍水的新桃源。

项目信息 | PROJECT INFORMATION

改造公司	杭州时上建筑空间设计事务所
改造设计师	沈墨
设计团队	宋丹丽、李嘉丽
项目施工	郑强
项目地点	浙江杭州
项目面积	30 m² 室内 + 70 m² 院子
使用对象	百岁裱画师 + 贴心的女儿
摄影师	叶松

02 户型格局分析 | The Layout Analysis

提高空间利用率，显现代生活的便捷舒适

① 杂物间的位置不合理，且所占的空间相对较大，是一种空间浪费，需要重新考虑。

② 老匠人的卧室较小，而且空间没有得到适当的利用与规划，利用率不高，应该设计得更宜居、更丰富。

③ 卫生间在院子里，对居住尤其是老匠人而言十分不便，需更换位置。

④ 庭院属于荒废状态，可以利用起来。

03 改造要点难点 | The Key Points and Difficulties

破解潮湿问题，利用废弃庭院，打造如诗如画的空间，致敬老匠人

① 如何在建筑破败和环境优良的情况下，实现人、建筑与自然的融合统一，并体现对老匠人及其精神的致敬。

② 卧室潮湿显然影响居住舒适度甚至健康，外墙也因雨水侵蚀存在脱落问题，要着重改善与优化。

③ 为老匠人的爱好预留一间独立的房间，满足休闲的需求。

④ 对生活污水和雨水的处理问题，要体现出对自然和人居环境的双重考量。

04 改造过程详解 The Renovation Process Explaination

平面图 改造剖析

改造前，庭院的大部分空间处于荒废状态。

▲ 改造前庭院

▲ 改造后庭院

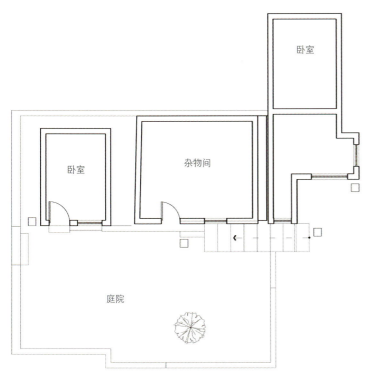

▲ 改造前平面图

▲ 改造前卧室　　　　▲ 改造前杂物间

▲ 改造后平面图

将原来的杂物间改造为老匠人的卧室，并设计一个飘窗和水吧；把原来的卧室变为裱画室，照顾老匠人对书法、裱画、赏书赏报的兴趣；在庭院中分出花草种植区、休闲区和景观池区。

▼ 杂物间变身为舒适卧室

▲ 拥挤的卧室改造成裱画室

全能改造 / Incredible Renovation　|051|

花草种植区

双层花架护花，
水龙头便于浇灌，
让生活充盈花草
的清香

设计师：在入户的左侧，我们在庭院中打造了花草种植区。老匠人十分喜欢养这些花花草草，先前摆放得比较分散，杭州的大雨一下，阿姨没办法把花草全部抢收回来。现在做了一个双层的花架，并在旁边设计了一个水龙头，既让花草免受雨淋，又方便浇水。

双层花架

庭院 改造剖析

对老房材料进行再利用，尊重老房的温度和居住者的深情。

依墙设多功能的开放式休闲区，让荒废的庭院灵动起来

| 休闲区 |

设计师：从花草种植区往里边走，是简易却最安适的休闲区。之前是废弃的一部分庭院，现在设计成一个开放的空间，可会客，可品茶，亦可用作闲时的休憩之所。部分木头采用的是老房的老木头，物品皆可搬或挪动，采光的小天窗时时送来不同的光影，不失为一处风景。一侧的假山原是老房的墙体，代表着老匠人对夫人、对早已习惯的老房的思念与珍重。

景观池

巧设景观池，构成写意山水

增加观景池的意境，改善不合理的动线

设计师：观景池位于休闲区与花草种植区的中间，有水可赏水之妙，天晴无水时也可品味枯山水的意境。地面铺设水刷石[1]，可以防滑，具有比较高的美观性和安全性。值得一提的是，水池的设计解决水与人动线重合的问题，这样雨天的时候就不会再有浸水的困扰。此外，观景池与地面、悬空的裱画室、卧室构成了空间的层次感。

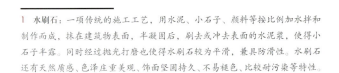

1 水刷石：一项传统的施工工艺，用水泥、小石子、颜料等按比例加水拌和制作而成，抹在建筑物表面，半凝固后，刷去或冲去表面的水泥浆，使小石子半露。同时经过抛光打磨也使得水刷石较为平滑，兼具防滑性。水刷石还有天然质感、色泽庄重美观、饰面坚固持久、不易褪色、比较耐污染等特性。

大开窗的设计，可以让老匠人在卧室休息的时候，还可以看到庭院的景色，点缀生活诗意。

设计引水渠道，减少雨水对墙体的侵蚀，也能形成一处小景。

▲ 设计雨水收集器

设计雨水收集器，在屋顶设计排水槽，解决雨水的利用与流向问题

▼ 改造前庭院

设计师：雨水多的时候，老房积水也不少，而且雨水沿屋檐流下，也会给行走带来很多不便。根据现在的屋顶倾斜特点，我们在屋檐设计了排水槽，雨水由此汇聚到一角，集中流到老坛子里，就不会再有雨水成珠帘状铺洒的状况。更重要的是，雨水收集器既能规避雨水泛滥，又能将雨水用于观景池和浇花。

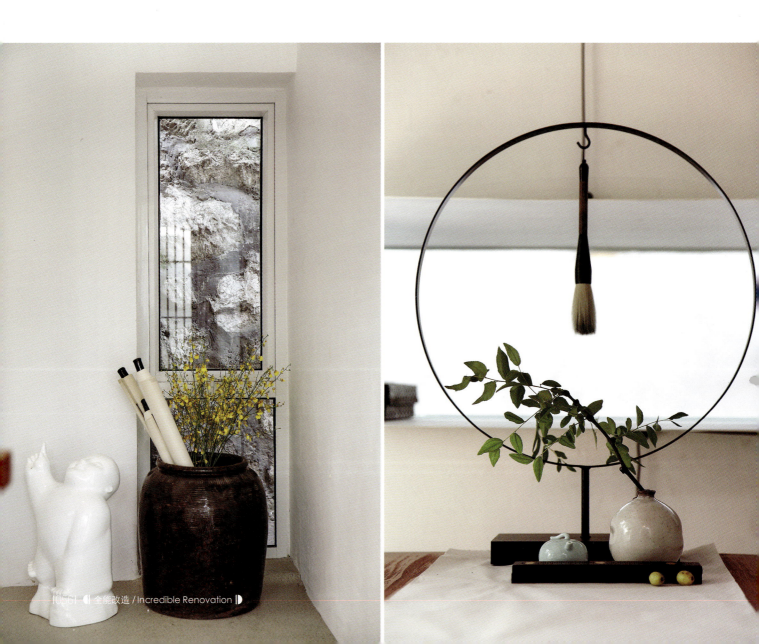

裱画室 改造剖析

| 与卧室相通的裱画室，满足老匠人的兴趣与爱好需求

设计师：裱画室原来是老匠人的卧室，室内保留了老房的房梁，用百年老坛摆放画卷，墙上设计置物格，采光则主要靠大面的开窗。坐在桌前读书看画，窗的框就是画框，框出院里的百年枣树、老墙体，框出一满筐的悠悠情怀与老匠人一辈子的喜好。

卧室 改造剖析

杂物间变大卧室，绿植引入诗意，飘窗很生活化

设计师：老匠人的卧室由原本堆积杂物的大间改造而来，宽敞明亮。房子是依山而建的，现在将墙体内退60cm，形成小内庭，卧室则不必受潮湿的影响。床头外面种了绿植，契合老匠人的气质，点缀生活诗意。水吧置入了直饮水系统，柜子还可以存放简单的食物和老匠人常用的衣物。大的开窗构成一幅观景图，设计的悬空飘窗也可以作为阿姨照顾老匠人时用的小床。

卧室与裱画室之间向庭院延伸出部分空间，既增加层次感，又具有造景效果。

▲ 改造前的杂物间

人性化设计：用提升泵处理污水，设计马桶扶手，开天窗，设计落地窗

设计师：在卧室设计一个卫生间，此后就不需要再走到院子里如厕了。天窗和根据墙体内退设计成的落地窗保证了卫生间的采光、通风以及对干燥的需求。基于改造后的卫生间屋顶高于其他空间且屋顶倾斜，设计污水提升泵[1]，解决生活水处理的问题。马桶扶手是一项贴心的设计，也体现了设计的贴心。

[1] 污水提升泵：是一种集泵、电机、壳体、控制系统于一体的泵类产品，可以用于家庭、别墅、中小型商业场所的污水提升，可以在地上或者液下工作。

改造后记
Renovation Postscript

人与自然的共生，品味老匠人的匠心精神

  这间老房的现场情况非常复杂，需要面对破败的建筑，还要面对山体建筑的自然生态系统，尤其是水系统，怎么让雨水和山上下来的水不对人和建筑产生隐患并且利用起来？除了生态系统和功能需求之外，最重要的是，在这一个空间，我们怎么做到人与环境的共生，怎么去对话，尤其是怎么通过空间来表达我们对老爷爷的匠心精神的敬意和其间的传承意义。

  我们希望这些都通过设计的表达，融入在一幅画里。于是，我们采用南宋四大画家"一角半边"的构图写意，让画面充满意境的留白，使人的生活、自然的风雨、建筑的光影都是画的内容。大自然已经很丰富了，不需要太多装饰，最终，一幅白底的画面就出现了。我们精心设计打造这一幅"画"，送给老爷爷，希望他生活在诗情画意的生活画里，惬意安康地颐养天年；也作为新匠人向老匠人致敬，画里画外，表达对百年的礼赞。

  一个月的限期改造，有限的预算，梅雨天和三伏天的天气，是对我们的考验，也为我们的反复调试提供了条件。最终经过大家的努力，在设计团队和施工团队想办法面对和解决的基础上，我们完成了这个挑战。

Forest in the Bustling City, A Home Without Boundary

城市之森，无界之居

- 设计背景介绍
- 户型格局分析
- 改造要点难点
- 改造过程详解

功能间布局让人咫尺天涯，同一屋檐下相见何难？

01 设计背景介绍 | Design's Background Introduction

这座位于广州中心老城区的房子共有三层，建于1919年，如今已是一座百年老宅。冯老太太九岁时从马来西亚回到广州读书，便一直住在这里。老屋充满了她和爱人还有五个孩子间的成长回忆。当时，冯老太太一家人住在这里，为了满足七个人的起居生活，房屋被切割成了很多个独立的空间。而今住在里面的只有四口人，这些空置而隔绝的独立空间成为了这个家的"隔阂"。由此，设计师企图探讨家庭生活最温暖的体验，同时希望打开这家人最值得回味的记忆，以一种更鲜活的方式重新讲述这个家的故事。

项目信息 | PROJECT INFORMATION

改造公司	汤物臣·肯文创意集团
改造设计师	谢英凯
设计团队	于娇、余江埻、叶剑昌、丁瑶涵、王靖、宋玥宸
项目地点	广东广州
项目面积	375 m²
使用对象	冯老太太 + 四儿子儿媳 + 小孙子 + 逢年过节暂住的儿女
摄影师	黄早慧

02 户型格局分析 | The Layout Analysis

采光不佳、通风不良、结构损耗、白蚁横行

① 房子是典型的两两紧密相邻的旧式临街洋房。这种洋房房型结构普遍偏狭长，加上老房本身不合理的窗户设置，导致自然风和光线都难以进入屋内，因此房子存在着严重的阴暗潮湿问题。

② 房子分为正间、偏间、前院和后院，对于四个人的日常生活来说，界限过于分明；且房屋自身因年久失修出现的结构问题，以及潮湿导致的白蚁泛滥，都困扰着委托人一家的日常起居。

改造要点难点 | The Key Points and Difficulties

化零为整，改乱为整

① 房子物理结构的老化问题以及家里常住成员的变化，使得以前的房屋构造不再能满足家庭成员现在的生活需求，需要使其变新、变得现代化。

② 因为散乱的功能分区，导致这家人平日的时间都被分散在了不同区域。比如，老太太爱在二楼小偏厅喝咖啡，四儿子则呆在顶楼工作间，儿媳在卧室上网，这样一天下来，一家人见面只有午饭和晚餐的时间。如何打破房子的"隔阂"，是这次改造重点关注的问题。

改造过程详解
The Renovation Process Explaination

平面图 改造剖析

● 一层平面图

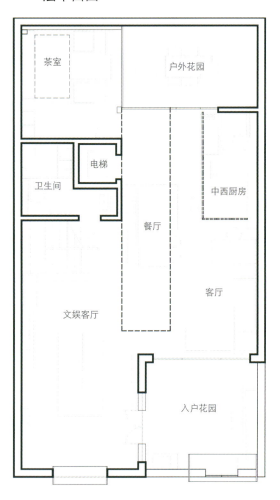

● 二层平面图

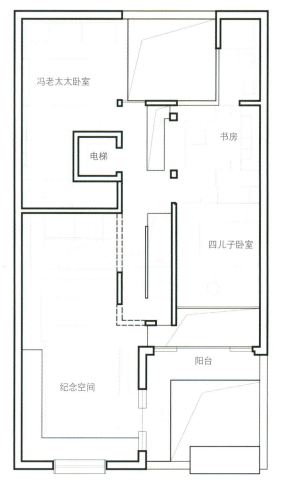

平面图分析

重整布局之后，一层空间主要作为起居室、厨房和户外花园使用；二层不再是小偏厅，主要作为冯老太太的卧室、儿子儿媳的卧室以及书房等空间。

● 三层平面图　　　　　　　　　　　● 四层平面图

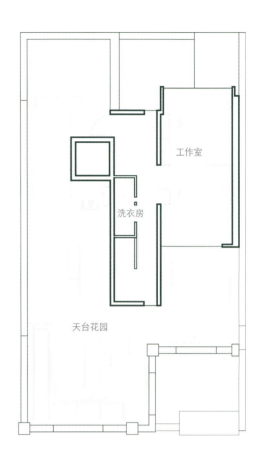

二层和三层特别设计了一个夹层的纪念空间，关切家人对已故父亲的深厚情感；其余主要作为孙子的卧室、书房以及客房，子女逢年过节回来可暂住于此。四层保留并改善工作室，设计天台花园和洗衣房。

▲ 改造前俯瞰图

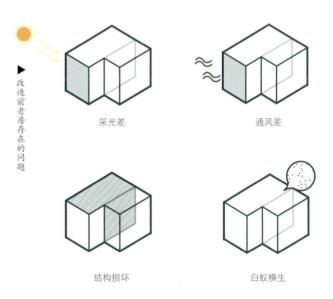

► 改造前老房存在的问题

采光差　　　通风差

结构损坏　　白蚁横生

总体而言，房子改造完成之后，家人不再"咫尺天涯"，更有利于平时的相处、相聚与沟通。

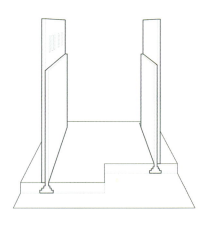 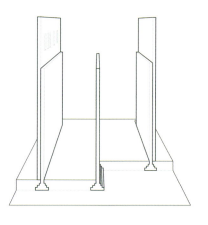 

▲ 钢结构示意图

原本的建筑分为正间和偏间两大板块，而它们之间却全都被实墙相隔开。所以设计师决定首先打通屋内的这两大板块，通过拆除隔绝正间和偏间的承重墙，重新搭建钢结构，改变整个房子的空间布局。

房子不仅是房子，其实也应该是可以安心工作和共话深情的地方。

▼ 改造后休闲文化空间

▲ 改造后工作室

▲ 改造前工作室

搭建钢结构之后，设计师第二步做的是设计出集中家人主要移动线路的核心筒，即楼梯和电梯等，对原本分散的房子结构进行归一、重置，利用核心筒连接各个功能空间，实现每个房间的相互连通。

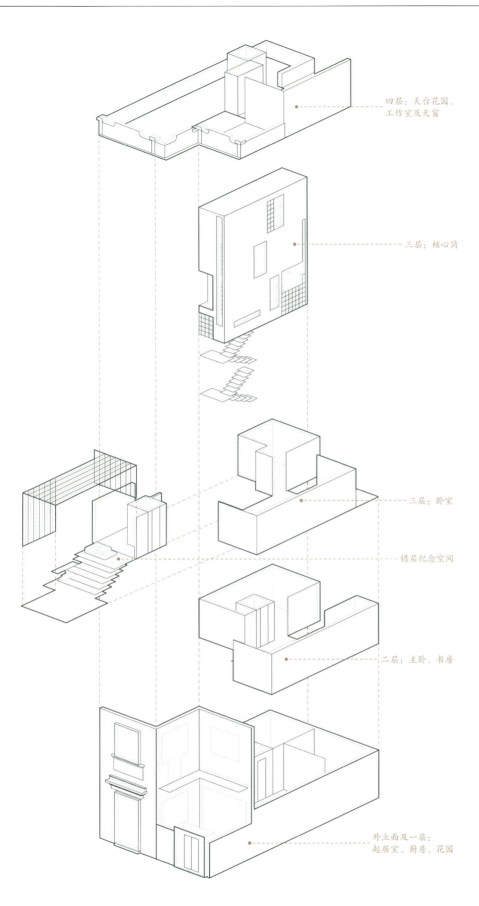

四层：天台花园、工作室及天窗

三层：核心筒

三层：卧室

错层纪念空间

二层：主卧、书房

外立面及一层：起居室、厨房、花园

▲ 轴测图

▼ 改造前

▲ 改造后的大中空

全能改造 / Incredible Renovation　|067|

客厅 & 餐厅 改造剖析

▼ 改造前客厅、餐厅

客厅

① 破矩阵，设无间隔的多功能客厅

FIRSTLY

设计师：原本的一层是两个房间间隔开的封闭布局，我们选择打破这种矩阵界线，通过重新融合，创造了一个宽敞通透的新空间；再通过不同家具的陈设，有序地为这个空间定义了丰富的区域功能。

餐厅

2 SECONDLY

悬挂挡板让厨房随意切换中西模式

设计师：厨房采用中西厨混合设计，通过移动悬挂挡板，可以任意变换成封闭式的中式厨房或开放式西厨。

3 THIRDLY

大中空让房子处处是景，是设计赠与的礼物

设计师：每个空间都与一个中空或天窗相连，除了能引入更多阳光，更难得的是人们只要把窗帘打开，就可以看到整所房子里不同角落的场景，一家人拥有了更多可能互动的机会。

户外厨房操作台，赋予生活悠然气度

厨房的操作台延伸至户外花园，天气晴朗时，家人可以在这里喝杯咖啡、看看云，甚至不用走动就可以看到前院植物蔓延的样子，视线所及之处有时便是所到之处。

▲ 老父亲的书柜（坤甸木）

民国时期购置的家具记录着关于这个家的许多故事，是冯老太太最珍视的物品。设计师精选其中27件，委托有多年修复经验的家具师傅进行纯手工翻新，希望这些椅子桌子能从"新"开始，陪伴这个家走过下一个百年。

▼ 冯老太太的单人椅、圆几（酸枝木）　　▼ 老父亲的转椅（酸枝木）　　▼ 套几（鸡翅木）

休闲文化空间 改造剖析

| 打造专属错层空间,传承家的可贵精神 |

设计师:"这个房子更重要的是用来纪念我们的爸爸",这个诉求在错层空间里得到满足。冯老太太的爱人即孩子们的父亲一直是这个家庭的灵魂人物。他曾在国家陷入战乱时选择从海外归国抗战,明明是工学院的高材生,却也在岭南画派中找到了自己的一席之地。几十年来,他的许多精神一直影响着这个家的每个人。

于是设计师在房子的二三层之间,打造了一个专属于这个家的跨层休闲文化空间,用以纪念父亲和他带给这个家庭的珍贵记忆与传承意义。一家人平日可以聚在这里,用投影看看过去的家庭影像,或是一同鉴赏老父亲的画作,再互相讲讲以前的趣事。

工作室 & 走道

改造剖析

| 工作室 |　| 保留有历史的物品，让其在新时代继续散发芬芳 |

设计师：工作室位于顶楼，我们保留了家中原有的花色地砖和民国时期的旧式书柜及转椅。将这些带有岁月痕迹的物品重新使用在工作室里，为家人营造了有趣的新旧记忆碰撞。

| 走道 |

设计留下小缝隙，也藏下待家人挖掘的小美妙

设计师：现在承载着楼梯和电梯的核心筒是空间之间的唯一连接，我们在各个走道里设计了许多"空隙"，创造出一个生动的场景，让居住者在室内游走时可以获得许多惊喜或是探寻空间的乐趣。

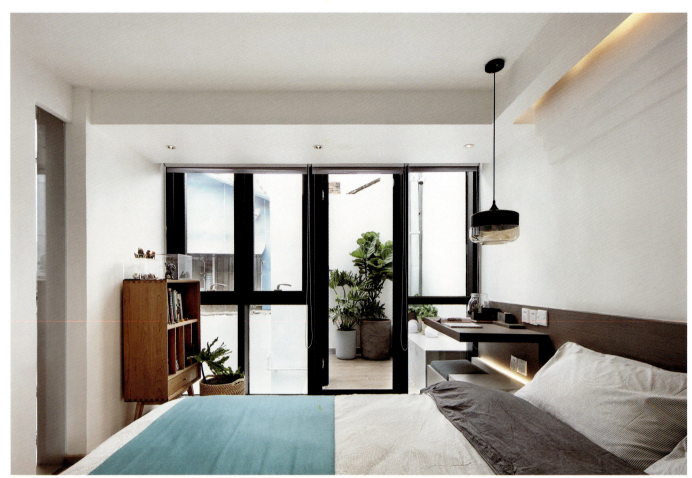

卧室 & 书房 改造剖析

| 三层主卧 |

两两相望的卧室，可根据需求合二为一

设计师：各个家人的卧室都被安排在二三层。在保证各自私密性的前提下，我们利用中空、相对的窗户、巧妙的房门位置安排等手法，创造了许多视线交叉点，试图让房子的界限不再那么严密明晰。家人就算留在房间，也能随时看见彼此的生活状态。

考虑到老太太的孙子已到适婚年龄，未来有组建家庭的空间需求，我们把他的活动空间独立安排在了三层。这间房紧连着独立卫生间和一间备用客房，且两间房的门可以双向开合，所以卧室和客房可连通成一间使用。

深入考量书房位置，实现其多种功能

设计师：冯老太太的卧室在二层电梯旁，对面便是儿子的书房，书房可灵活变换多种使用模式，可休闲，可办公，亦可方便照看家人。

| 书房 |

天台花园 改造剖析

森林系户外花园,清新又自然

设计师:天台花园里增设了许多植物摆放的区域,斑驳的老墙和绿意盎然的盆栽相映成趣。似在不经意间,在这片满是匆匆闹市的城区中,这家人拥有了专属于自己的清新小天地。

改造后记
Renovation Postscript

回归"无界",探索房子的更多可能

从2015年至今,这是我第三次为普通民居进行改造。在三年的改造中,有一点是我一直坚持的,即思考如何通过空间改变家人的相处模式,甚至是家庭关系,希望通过设计让被称作"家"的房子拥有更多可能相遇、可能相聚的空间,也就是"除了基本功能,或许要更考虑一个家的亲密性"。

针对这个项目的结构特点和家庭情况,我们提出了"无界之居"的设想。在打破种种无用的空间隔断与归整了整个空间布局后,人们可以在房子内更自由无阻地游走、碰面。同时通过前后院、天窗、开放式空间的利用,引入更多阳光,解决通风采光问题,使得无论是人还是阳光都能在空间中互动起来。

What Kind of Experience is Lying on the Sofa to Enjoy the Sunrise?

能躺在沙发上看日出，是一种怎样的体验？

- 设计背景介绍
- 户型格局分析
- 改造要点难点
- 改造过程详解

改变拥挤沉闷，三房成功升级为四房！
设计太普通，客户想要一间充满情趣的高端雅奢住宅。

01 设计背景介绍 | Design's Background Introduction

这间公寓面对的是一个温暖幸福的五口之家，原来的三房不足以满足住房需求。房主是儒商，藏着儒者的道德和才智，又有商人的财富与成功，是儒者的楷模，商界的精英。他们非常了解设计和文化，清楚自己的内在需求，对生活有一定的期待。同时喜欢听音乐、喜欢烹饪美食，注重仪式感和美感。

项目信息 | PROJECT INFORMATION

项目名称	Apartment in an Old Established Building in Tel Aviv
设计公司	Aviram – Kushmirski interior design
设计师	Oshri aviram, Dana Kushmirski
项目地点	Tel Aviv, Israel
项目面积	150 m²
使用对象	A happy family of five
摄影师	Oded Smadar

02 户型格局分析 | The Layout Analysis

扫码查看电子版

格局太满，墙体阻隔太多，适当拆掉它，恢复各空间原本的使用功能

① 原空间户型多柱子多横梁，导致空间动线不流畅，视觉感狭隘。
② 公共空间走道狭长，采光不好，显得很沉闷。
③ 各空间均以封闭式的户型规划，阻碍了人与人之间的互动性。

改造要点难点 | The Key Points and Difficulties

03 善于结合户型结构本身，将其融入改造设计中，人屋合一

① 把空间中的破坏性元素整合到设计理念中，让其成为设计中不可分割的部分，最终改造成一个宽阔的开放空间。

② 最大限度地将空间划分为开放性的内部环境，并与外部联系，与自然环境形成良好的互动。

③ 明确界定了公共空间中不同的生活区及其功能，并将其与私人空间完全分离。

改造过程详解 The Renovation Process Explaination 04

平面图 改造剖析

除承重墙外，拆除阻碍空间动线的墙体，把客厅、餐厅、厨房规划进一个整体空间。

将厨房改造成卧室，打造更多空间，减少空间浪费。

▲ 改造前平面图

► 改造前餐厅

▲ 改造后餐厅

▲ 改造前厨房

▲ 改造后平面图

▼ 改造后厨房

① 为了创造出比公寓实际尺寸更大的空间感，拆除不必要的墙体，将客厅、餐厅、厨房区域全部以开放的形式规划进一个整体空间，视线全然不受阻挡，呈现宽阔的空间感受。

② 在公寓的整个长度和宽度上分别设计和安装了一个独特的墙壁单元和一个浮动工作台，把城市景观设计成公寓的自然延续，在家也能尽赏城市美景。

③ 把私密区和公共区精准区分开来，三房升级为四房，更加安静舒心。

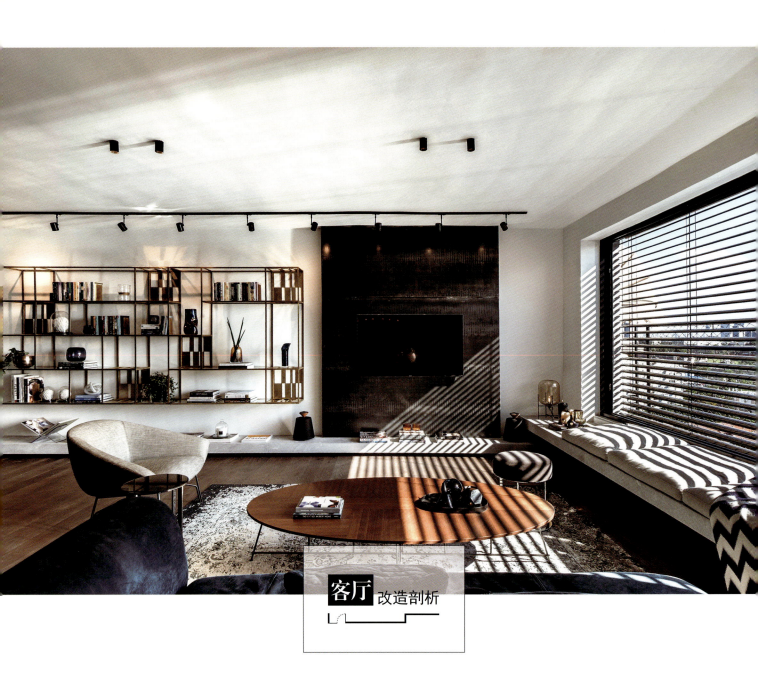

客厅 改造剖析

▼ 改造前客厅

1 FIRSTLY | 原有格局太受限，窗外景致这么美，我们需要一面向阳的大窗户

设计师：原有户型墙面太多，太封闭，浪费了窗外绿意盎然的景致，也使得室内采光受阻，通风不佳。在客厅阳台处设置一面大开窗，恢复其采光及观景功能。而百叶窗的巧妙设计，可以避免阳光的直射，增加光影的律动，带来美的享受。

 **改造景观有了，观景台同样必不可少**

设计师： 创造一个有存在感的空间，发表一个强烈的声明，重点使用光线和阴影，利用夹板做了一个形式清新的简易休息观景区，舒适惬意的氛围，吸引了人们的注意。三两坐垫，休闲娱乐，让全家人都爱上这儿，变成一个生活品质必不可少的欢乐地。

3 高级定制的生活品质，需要一些特定的情调感来修饰

设计师：设计是精确的，非常注意细节。业主希望得到最高质量的定制设计，时尚又不正式、复杂但不虚假、聪明但不自命不凡、富有创造性的、创新的和自由的时尚。当然，伴有一个温暖、愉快、舒适的氛围，为家庭提供了必要的功能。

4 FOURTHLY

不合理的平面布局，影响整个空间顺序，开放式的空间整合，恰到好处地扩展了视线

设计师：把原来没有规划好的客厅，走道浪费的空间，统统开放出来，形成进门便是景的极美体验。利用形式、材料、纹理、物品和艺术之间的联系，创造了一个令人兴奋的、不同寻常的空间体验。

5 FIFTHLY

如果收藏物品较多，不妨在客厅安放一个漂亮的展示架

设计师：将原有的许多元素与空间中的存在相结合，设计时特别强调精确和干净的形式。模块化中的线性几何，各种材料的交互使用，物品整齐有序的排列，从而创造出一种协同的、和谐的构图美感。

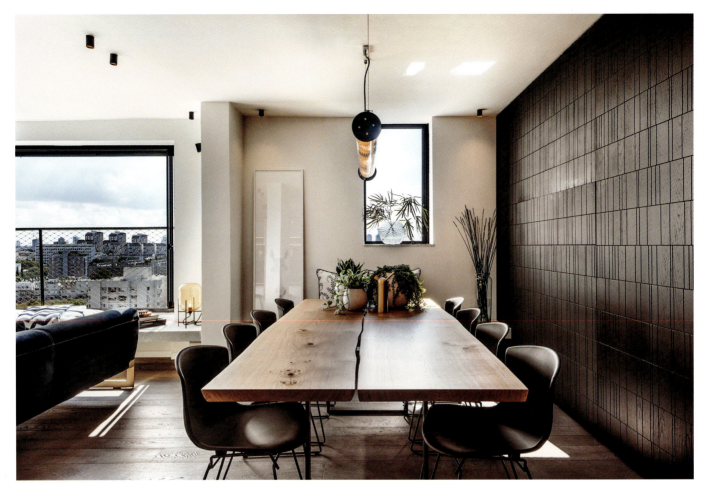

1 把餐厅搬到阳光下，给生活带来明媚的阳光 ▲

FIRSTLY

设计师：用餐空间是一家人最温馨的时刻，原有格局餐厅的位置靠内墙，拥挤且压抑，使用起来极不方便，没有生活品质感。改变餐厅位置，将餐厅与客厅、厨房规划为同一空间，营造良好的用餐环境，家人间也可以有更多的亲昵互动，分享彼此的生活。

餐厅 & 厨房 改造剖析

隐藏的储物柜

2 SECONDLY

将厨房移出,与客厅结合成整体区域,原有独立厨房改为私密卧室

设计师:原厨房单独设在一个封闭的空间,将厨房解放出来,并到客厅变成开放式,与餐厅相邻,不但变得明亮宽敞,同时也可以增加家人之间的互动,更亲密。

3 THIRDLY

限量版定制的装饰元素,满足业主与众不同的需求

设计师:厨房吧台除了满足基本的置物功能,还是一个浮动的工作台。着重装饰设计的吧台,时尚休闲,满满的自然情调。

4 FOURTHLY

善于利用材料天然的优势，个性化定制，表达业主个人主义的生活方式

设计师：专注于所用材料的优势，丰富的天然材料囊括金属、木材、石材在表面和大面积结合在一起，仔细排列，在不同层次和不同区块有着不同饰面。每一种真实的、自然纹理的材料都有自己的语言和功能，与其他材料所表达的语言完全协同。我们选择的实现天然材料的过程是尽量减少使用现成的产品，最大限度地利用珍贵的手工来表达艺术效果和来自当地艺术家、工匠所使用的传统技术技巧。

卧室

改造剖析

1 FIRSTLY

房间不能少，又希望有大的主卧室，还要多些收纳空间，格局要怎么变

▲ 设计师：原户型的动线太刻板，不够灵活，重新格局划分，更改行走动线，改变主卧位置，将三房华丽变四房，完全满足了业主居住与收纳需求。

2 SECONDLY

从客户的需求清单出发，寻找合适的风格匹配

设计师：运用简单的壁面造型，巧妙地修饰卫浴空间，在有限的空间里，设计出客户喜爱的质感，满足业主的生活态度。

The Beautiful Dream of Touching the Sky with Hand Finally Realized!

美梦，伸手就能触摸天空的终于实现了！

- 设计背景介绍
- 户型格局分析
- 改造要点难点
- 改造过程详解

试着拆掉多余的墙，你会发现原来家可以这么大。你与自然之间，就差一面落地窗。

01 设计背景介绍 | Design's Background Introduction

住在这间公寓里的是一个五人的年轻家庭，有三个小孩。客户的主要要求是"宾至如归"，他们希望这是一个"温暖的、愉快的、诱人的、有亲密气氛的、带有一些我们可以联系起来的个性与特色"的房子。因此我们为这套顶层公寓选择的设计理念是"舒适温馨"，即创造一种温暖、舒适、平静，且易于连接并非常受欢迎的风格。

项目信息 | PROJECT INFORMATION

项目名称 /	Penthouse in Tel Aviv: aviram - kushmirski
设计公司 /	Aviram - Kushmirski interior design
设计师 /	Oshri aviram, Dana Kushmirski
项目地点 /	North Tel Aviv, Israel
项目面积 /	130 m² + 53 m² roof terrace
使用对象 /	A Family of Five Who Loves Nature
摄影师 /	Oded Smadar

02 户型格局分析 | The Layout Analysis

| 格局相对封闭的户型，不宜选用单调厚重的家具

① 空间格局划分不明确，功能区间不连贯，太过闭塞。
② 户型墙厚重，视觉不开阔，居住其中有压抑、堵塞之感。
③ 原有户型配上色彩沉闷的软装家具，形式过于单调，缺乏品质感。

改造要点难点 | The Key Points and Difficulties

03 最大化开放各空间，形成彼此独立又密切联系的空间关系

① 能够提供最大限度的开放内部，同时加强与外部的联系。

② 公共空间中不同的居住区域及其功能被明确界定，与私人区域分离。

③ 打造良好采光，营造出超自然的空间氛围。

04 改造过程详解 The Renovation Process Explaination

平面图 改造剖析

将原来的窗改为落地窗。

拆除墙面，增加客厅空间的开阔感。

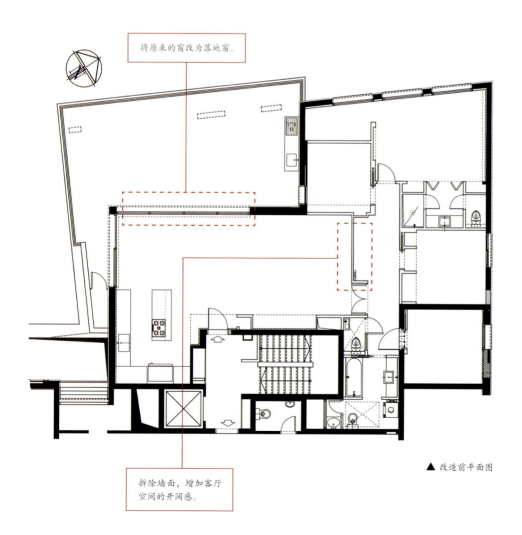

▲ 改造前平面图

▼ 改造前客厅

▲ 改造后客厅一角

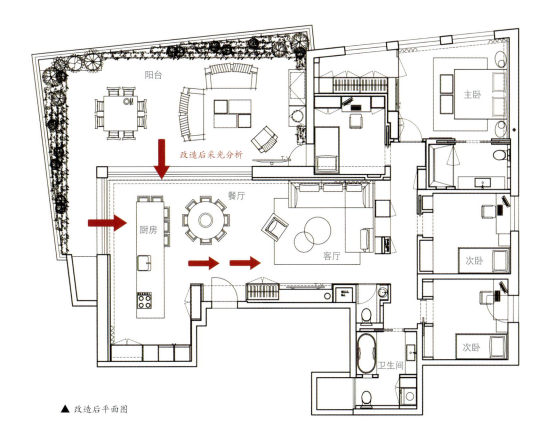

▲ 改造后平面图

① 拆掉客厅空间里的墙，把封闭式的客厅，用展示架隔断，空间感更开阔，通风效果更佳。

② 将厨房空间与室外连接阳台的窗改为整面落地窗，最大限度地延伸室内景观，采光效果极佳。

▼ 改造前餐厅

▼ 改造后客厅

▶ 改造后餐厅

客厅 改造剖析

狭长的客厅夹在餐厅区域与卧室区域中间，空间无法伸展，闷得慌。

1 FIRSTLY | 打掉不必要的墙体，还空间一片自由

设计师：与卧室之间厚重的隔墙，造就了空间的压抑感，打掉之后，换上明亮的玻璃展示架，美观又增加了视觉深度。

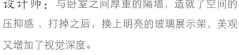

空间太压抑，可以利用"借景"这个小技巧。

利用材质本身与软装效果，呈现空间的动态美感

玻璃展示架后面是卧室门，在门的开合之间，可以欣赏到不一样的风景，既很好地保证了个人隐私，又极大限度地扩展了空间进深。

2 SECONDLY

背景墙材质的无缝衔接,可以达到最佳的统一效果

设计师:以天然材料构建的背景墙,彼此间建立一个有趣的交汇点,将浴室隐藏在其后,堪称绝妙。

▼ 改造前客厅

3 全开放式的格局动线,极大地提高空间使用率

THIRDLY

设计师: 客餐厨的一字排开,全开放设计,给空间带来最开阔的使用率。极简的软装陈设,洁白的色系,柔和的布艺,使空间达到最温馨、最舒适的效果。

| 最佳的无障碍设计,才能带来最佳的光影效果 |

设计师:除了在设计形态和材质上追求自然外,对于大自然光和影的运用也是不可忽略的。一座理想的住宅,一定是与自然密不可分的。巧妙模糊室内外的界限,让光影恣意洒进室内,极美极美。

厨房 改造剖析

1 FIRSTLY 原来把厨房沐浴在阳光下，是这么美妙

设计师：三面环窗的厨房，是最美的设计体验。一年四季，一日三餐，所有的温暖与爱意，都积淀到食物的芳香里。

隐藏的柜体收纳，可以打造极简的家居氛围

我们创造了迷人的材料组合，以特殊的连接和相邻技术，使用各种材料和元素，以及一些手工制作，形成一个优雅别致的设计。厨房墙面做一个黑色壁柜，像隐藏的墙面，简约实用，与白色墙面形成鲜明的对比效果。

2 SECONDLY

这才是真正的零距离互动体验感

设计师：家是我们停泊的港湾，舒适实用的家，一定能满足家人的所有需求，包括彼此之间的互动、亲密无间的交谈。一个全开放的公共空间，将是一家人拥有快乐时光的载体。

3 THIRDLY

户外平台这么美,不要浪费大好光线和绿意

设计师:三面采光又前后绿荫环绕的公寓,却因为层层墙壁的阻隔,浪费了这极好的条件。特别开出的落地窗,精心打造的户外休闲阳台,可以将城市的美景一览无余,尽收眼底。

大理石浴室,真的可以很时尚

天然材料的自然纹理,本身就是一件艺术品。大理石丰富的纹理,融合温暖的设计,打造一个宽敞的、令人愉快的沐浴空间。

卧室 改造剖析

简约的玻璃门，也可以满足功能与美观的全部需求

设计师：如果卧室空间较小，不适合使用厚重的木门，那么尝试两边都可随意开放的磨砂玻璃推拉门吧。它可以很好地拉伸空间层次，阻隔浴室的水汽，也保证了隐私。

衣帽间在哪？你猜到了吗？

设计中最高级的设计就是化繁为简，少即是多。卧室内隐藏的暗门，巧妙地化整为零。关上时，它是一面完整的电视墙；打开时，它是别有洞天的衣帽间。

Who Steal the Sunlight in Your House?

是谁偷走了你家的阳光？

- 设计背景介绍
- 户型格局分析
- 改造要点难点
- 改造过程详解

光线不足就开灯？潮湿天气家里总有霉味？设计师告诉你是格局问题！

01 设计背景介绍 | Design's Background Introduction

户主是一对新婚夫妇，男主人是一位工程师。旧宅的老式装潢已不能满足新一代人的生活需求与精神享受，新婚后更需要有一个新的环境开启新的幸福生活。因此，户主决定改造旧宅。他们希望新房整体是简洁的白色，明亮通透；其次，改造方案需要符合他们的审美，简洁而有设计感，符合他们对美好生活的追求与品位。

项目信息 | PROJECT INFORMATION

设计公司	W&Li Design 十颖设计
改造设计师	王维纶、李佳颖
项目地点	台湾台北
项目面积	100 m²
使用对象	工程师 - 新婚夫妇二人
主要材料	石材、几何砖、黑铁、黄铜、清玻璃、冷烤漆等
摄影师	小雄梁彦影像

02 户型格局分析 | The Layout Analysis

① 原户型格局设置欠合理，导致住宅整体采光、通风性能差。
② 阳台闲置作杂物堆放，影响美观且造成室内空气质量不佳。
③ 软装方面，家具多且杂乱，没有整体性，影响审美。

03 改造要点难点 | The Key Points and Difficulties

① 室内采光与通风需要综合考虑住宅的朝向、地段等因素，但是在以上条件都成既定事实的情况下，如何弥补现状的缺憾，关键是合理的平面布局。因此，本案的平面规划不但考验设计师的设计经验，还挑战设计师的头脑风暴。

② 户主要求以清爽白色调为主，那么家具如何布置才能让改造后的空间保持宽敞简洁，同时又具有包容性是设计师需要重点考虑的。

04 改造过程详解 | The Renovation Process Explaination

平面图 改造剖析

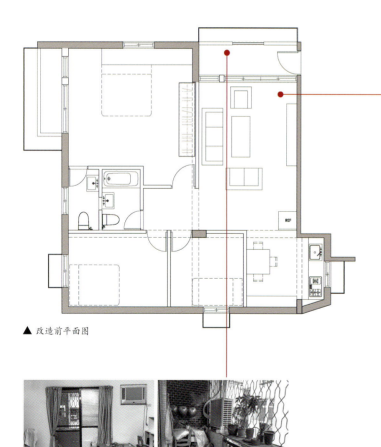

▲ 改造前平面图

② 公域与私密空间动线产生交集，互相干扰。
③ 收纳空间不足，杂物无处放置，导致空间整体凌乱不堪。

▲ 改造前客厅

① 室内隔墙较多，不但阻碍空气、光与视线的运动，而且破坏了空间格局，产生局促感。

▲ 改造后客厅

▲ 改造后平面图

▲ 餐厨空间改造前后对比

① 改造后的平面配置以非常独特的 45°十字扭转规划，设计斜的走廊将光线引入住宅深处，再利用白墙增加散光的照明效果，从而解决空间整体采光差、通风能力弱的问题。

② 让 LDK[1] 一体成型来减少隔间用的墙壁，将走廊也合并在一起，创造宽敞的气氛；高效率的动线设计打造空间精简格局。

③ 将 LDK 与相对私密的卧室进行区分，在相连的区域中央分割出的公共空间，不赋予其特定机能，相当于是缓冲地带，也因为这个空间，消除了公私领域之间的直接干扰。与此同时，这个中心区域扮演串连其他空间的桥梁。

▲ 改造前卧室

▲ 改造后卧室

1 LDK：Living room（客厅）、Dining room（餐厅）、Kitchen（厨房）

客厅 & 餐厅 改造剖析

▲ 改造前后公共区域对比

1 FIRSTLY
一条斜向动线的设置，明确划分出空间功能区域布局

设计师： 空间中的斜向线条划分了空间比例，形塑出三房两厅两卫的格局，确保所有空间都能有独立的通风和采光。

2 SECONDLY
改造中保留故居的痕迹,守护内心的记忆

设计师:富趣味性的几何砖,通过随机的排列组合混和出丰富的变化。我们保留了台湾20世纪70年代使用的地面建材——白石材地砖,这使用了40年的地砖让每个角落都保留了原有的熟悉感,使得新旧的安排新颖却不冲突,并承载延续了三代的记忆,让空间与时间共存。

3 THIRDLY
外部好看的住宅经不起内室的凌乱

设计师:足够的收纳空间能够将各种生活用品、消耗品、杂物藏起来,从而保护室内的整洁清爽。

在做定制壁柜的时候,监督工人是必不可少的,以免柜体出现衔接不紧密、收口不完美等质量问题。

定制壁柜 ▼

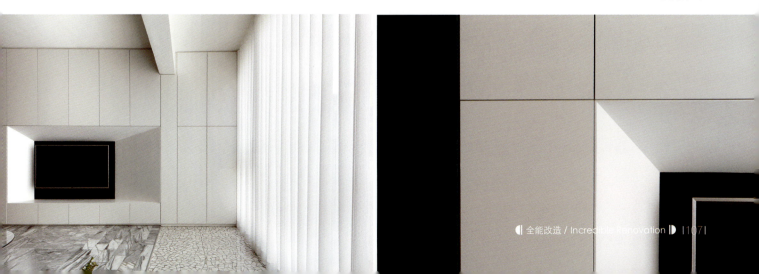

4 FOURTHLY

是灯具，也是灯饰

设计师：住宅内原有的照明分布集中，造成光源集中而光线不匀，影响夜间的居住体验。改造后，通过增加光源来改善夜晚照明不均匀的问题，选择美观的灯具有利于增强空间的审美体验。

▲ 改造前公卫

公卫 改造剖析

1 FIRSTLY
采用大色块进行配色设计,提高住宅整体性与整洁感

设计师:立面设计延续平面斜向的基础,建构出空间的框景,每个房间都保持各自的独立性。舍去封闭的隔间,两侧斜墙分界出厨房及后场的实体空间,新旧瓷砖拼接的地界也暗示虚体区域,让不同属性的空间能自然界定并能轻易产生互动,保有公共领域的使用弹性。

2 SECONDLY
在家打造一个酒店级公卫,体现品位且彰显风度

设计师:公卫是一个突显细节的地方,强调精简,追求设计的合理性与材料的高质感。一个好的卫生间不但突显主人对高品质生活的追求,而且能给来客营造一种受到款待的体验。

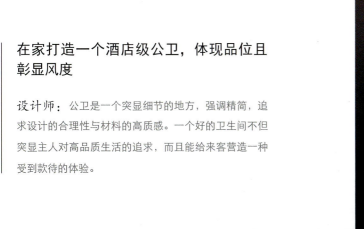

卧室 改造剖析

▲ 改造前卧室

1 FIRSTLY 在卧室营造一种良好的睡前氛围,从而提升睡眠质量

设计师:此处省略了墙壁的收边条与天花板的线板,巧妙的过度增强了空间整体性,让空间容易在视觉上得到整合。

为了不刺激居者睡前的情绪与精神状态,在尊重居者喜好的基础上选择非兴奋色的搭配是比较合理的,灯光的色温和光照度的设计都需要慎重。

2 SECONDLY
卧室设计的统一性或是丰富性,要根据居者需求而定

设计师:卧室没有放置过多的家具,大面积的定制衣柜充分满足居者的收纳需求。主卧的设计与整体保持一致,给住宅以统一性。

有些居者喜欢统一性强的设计方案,有些则偏爱丰富多样的空间氛围。因此,私密空间是否与公共区域的风格保持一致,这需要根据居者的需求、喜好进行改造设计。

3 THIRDLY
卫浴空间的材质需要考虑防水耐潮、防滑性等

设计师:以简练的线条框出卫浴空间,明确划分干湿区,精简的柜式盥洗台,柜子里可以放置一些常用的洗漱用品;空间中存在一些扶手,在设计时必须考虑装设于哪些位置才最为合理、方便。

Appreciate the Designer Renovating His Own House

看设计师改出自己的家

设计背景介绍
户型格局分析
改造要点难点
改造过程详解

拒绝原户型的多隔间设计，寻找适合你的"断舍离"！

设计背景介绍 | Design's Background Introduction

项目为顶层复式公寓，是设计师自己的住所。原有格局比较常规，所以在功能上做了较大的改动。设计师方磊坚信，对于居住空间的理解，100个人会有100个不同的定义，人员构架、设计风格、个性喜好等都是"家"的空间构成元素。

从事设计行业多年，设计师并不喜欢把空间局限于某种特定的标签与符号，而是更多去关注设计本质，以及如何使居者拥有更好的体验感。设计自己的家更是如此，没有太多的所以然，符合自己的生活方式，就是对家的本真定义。

项目信息 | PROJECT INFORMATION

设计公司 / 壹舍室内设计（上海）有限公司	
改造设计师 / 方磊	
项目地点 / 上海	
项目面积 / 240 m²	
使用对象 / 设计师本人	
主要材料 / 橡木染色、白色石材、喷砂金属、STUCCO 墙面漆等	
摄影师 / Peter Dixie	

02 户型格局分析 | The Layout Analysis

隔间多不代表住宅功能性强

① 原户型内大量的墙体阻隔视线，使得空间有闭塞感。
② 隔间将整个户型碎片化，缺乏空间感与整体性。

改造要点难点 | The Key Points and Difficulties

改造的重点 使用需求是住宅

设计的最初是个有些纠结的过程，比如是否需要保留多一些卧室空间，因为是属于自己的独居空间，还要考虑亲友的短暂居住，以及常规的餐厨关系等，最终还是用建筑设计的手法，以套口的构成元素作为切入点，对空间进行彻底的改造与分解。

改造过程详解 The Renovation Process Explaination 04

平面图 改造剖析

充满喧嚣的城市生活，现代与未来交织的情境中，设计由简约而产生出理性、秩序与专业感，不需要过多的装饰物或其他杂物，让空间成为主导者，无论是何种风格，其存在的价值意义才更重要；合理"断舍离"，重新让自己成为生活的主宰。

▲ 一层改造前平面图

▲ 二层改造前平面图

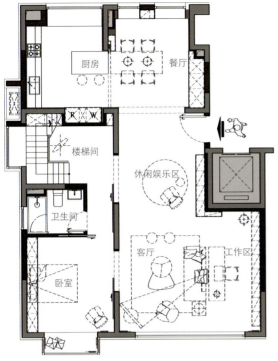

▲ 一层改造后平面图

▲ 二层改造后平面图

▶ 改造前

① 将与客厅相连的次卧墙体拆除，将空间纳入客厅范畴，打造成一个开放式的办公区域，形成一个横厅；打开二楼地板，利用玻璃的穿透性给居者更开阔的视野，从而促进两个楼层的融合。

▼ 改造后客厅

改造后楼梯 ▶

② "一体化"空间是打造现代住宅的常见格局，它能很好地保持空间的连续性，给住宅以空间感。本案将大部分的非承重墙拆除后重新架构，利用原有承重结构为基础呈现室内设计元素，让各个空间关系的互动性更强。

客厅 改造剖析

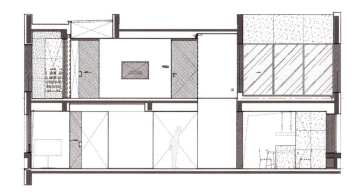

1 **FIRSTLY**　玄关是室内与室外的衔接点,利用设计创造进屋的"仪式感"

设计师: 玄关处由白墙面打底,moooi落地烛台的衬托,强调了入户的第一视觉感官。将原有楼板拆除,结构重新加固,通过雾化调光玻璃分隔,调光开启时可看到天台的景观并增强一楼光照。

❷ 从五花八门的设计手法中找寻最适合"家"的那一种

SECONDLY

设计师：客厅通过套口关系通往各个空间，客卧在无人居住时是客厅的一部分，好友相聚时也可以容纳更多人。有亲友来访时可将暗藏式床体放下，关上内置移门即是卧室，互不干扰，打破传统的居住格局，空间反而更灵动。利落的收纳功能与可闭合的暗藏式床体结合多重移门，增加空间功能的多样性，有效利用时间差，实现同一空间的多功能需求。

餐厅 改造剖析

开放式的餐厨空间增加了人们面对面互动交流的机会

设计师：开放式餐厨关系与岛式早餐台使空间具有轻松感，原有的建筑窗口通过改造将二楼的落水管与原厨卫设备管道藏于墙体内部，加厚墙体，在闲暇之余也可以坐于窗台观赏景色。

楼梯 改造剖析

色彩的浓淡结合,赋予空间稳定的框架感

设计师:极具肌理感的灰色水泥漆结合硬朗的扶手栏杆使空间有很强的现代感,楼梯踏步的木本色又将水泥色的冷度拉回一定的平衡,空间与材料之间的衔接细节也相应体现。

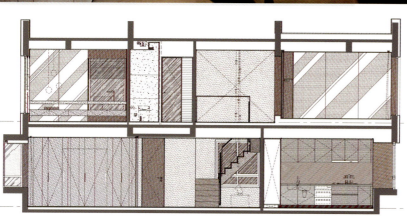

卧室 & 健身房 改造剖析

健身区利用大面积明镜将室外景观映射至内部，让空间在视觉上有所扩延；绿植墙面利用建筑凹口将供水暖设备隐藏其中，丝毫感觉不到设备房的存在，也对设备的保温隔热起到相应作用，美观与功能性共存。

主卫有效利用景观面，营造轻松的洗漱空间。

玻璃有利于引入阳光，让空间更加通透，解救室内任何一个可能阴暗的地方

设计师：雾化玻璃的应用增强一楼与二楼的互动关系，也可以将天台的采光引入一楼入口玄关处，顶部利用高低关系将升降式电动遮光帘藏于其中，与雾化调光玻璃的结合保证主卧的私密性，顶部的镜面让空间有延伸感。▶

Small Partition Affects Large Layout, Teach You Demolish Like This!

小隔断影响大格局，教你这样拆！

- 设计背景介绍
- 户型格局分析
- 改造要点难点
- 改造过程详解

被笔直动线"一箭穿心"中分了整个住宅？
明明房子那么大，为什么每个房间都这么小？

设计背景介绍 | Design's Background Introduction

家的美体现了主人的品位和生活情趣，呈现美的方法有千万种，但都必须满足一个前提——好用！家中常住三人：夫妻二人带着儿子，以后二老会来此定期居住。

项目信息 | PROJECT INFORMATION

改造公司 /	上海本墨设计
主案设计师 /	史宁
软装设计师 /	贺勤
项目地点 /	上海
项目面积 /	145 m²
使用对象 /	一家三口，以后会有老人定期居住
摄影师 /	史宁

02 户型格局分析 | The Layout Analysis

曲直结合的动线规划明确的空间分区

① 原户型比较方正，但不合理的分割使得每个空间都非常局促。

② 入门玄关即看见次卧门，使用不便且非常不雅。

③ 空间走廊直通主卧，公私区域划分不明确。

改造要点难点 | The Key Points and Difficulties

| 改出住下一家三代的包容空间

① 需要重新规划空间隔断，还户型一个宽适的空间感。
② 明确划分公共区与私密区，创造开放性的同时保护隐私。

改造过程详解
The Renovation Process Explaination
04

平面图 改造剖析

◀ 改造后平面图

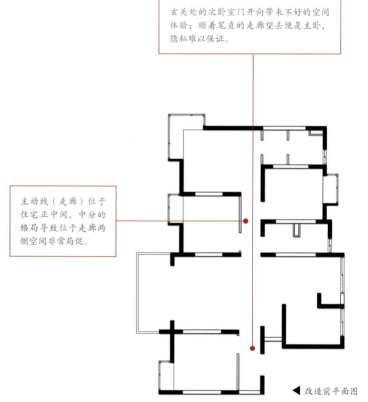

玄关处的次卧室门开向带来不好的空间体验；顺着笔直的走廊望去便是主卧，隐私难以保证。

主动线（走廊）位于住宅正中间，中分的格局导致位于走廊两侧空间非常局促。

◀ 改造前平面图

① 重新规划原本功能重叠的动线。将原 4m² 走廊空间划归到朝南次卧，使得南次卧的面积从原来的 9.4m² 增加到 13.8m²，没有走道影响的客厅也更显宽敞，主卧隐私也得以保证，同时比原结构多了双倍收纳空间！

将原来的笔直动线分割成两段，曲线走廊区域主要是公共区，直线走廊向右靠，使得公私区域分割清晰，整体格局明朗。

② 更改玄关处的儿童房的开门朝向，重新设计玄关环境，明确空间功能。

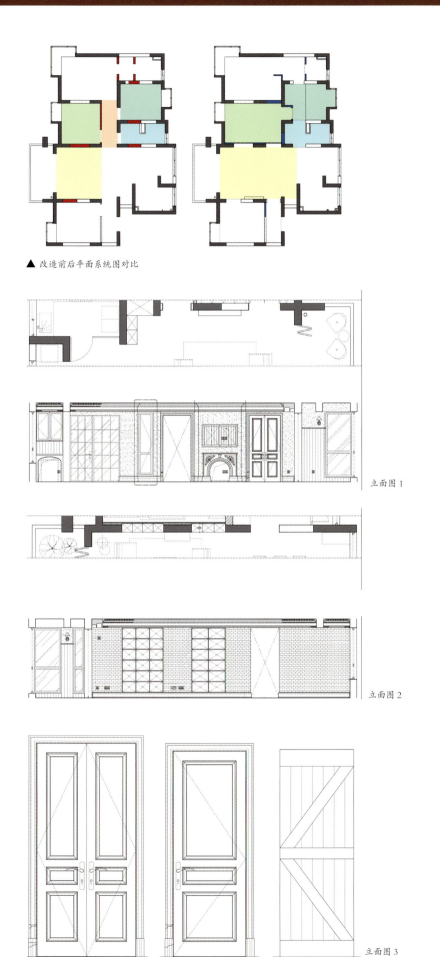

▲ 改造前后平面系统图对比

立面图 1

立面图 2

立面图 3

▶ 改造前客厅

▲ 改造后客厅

▶ 改造后儿童房

全能改造 / Incredible Renovation | 125 |

客厅&阳台 改造剖析

双开门设计

1 FIRSTLY

主动线右移，给客厅更充裕的空间感

设计师：玄关处的儿童房更改了开门方向，有了完整的入户玄关，也给孩子更有力的安全感。双开门设计使空间视觉更显宽敞，房门与玄关门洞对称呼应，自然形成背景墙。

向右平移走廊，将朝北书房改为榻榻米客房兼娱乐区，并保留储物空间，利用卫生间干区和朝北客房贯通形成通往主卧的走廊，规避了纯走廊的面积浪费，自然光照同时照顾走廊区域。

敲掉客厅非承重墙部分墙体，定制的整面书柜，虚实对比形成空间序列性，无形中多出了1m²的收纳空间。面对面摆的沙发组合使家人之间多一些沟通。

改变房间的朝向，创造一个完整的玄关

入户玄关，更改了儿童房的开门位置，使得玄关更加完整，给人入户的心理缓冲。一整面收纳柜有效解决了鞋子和临时悬挂外套的收纳问题，悬挂的吊灯给空间带来层次感。

2 SECONDLY

合理利用墙体功能，扩展收纳空间

设计师：设计之初，为了保证层高以及空间不被中央空调吊顶分割使空间感变小，采用了分体空调。

敲掉非承重墙，并利用原走廊门洞"偷"来的1m²空间做收纳，定做的白色格子书柜和机理墙融为一体，虚实对比形成空间序列性。

将原建筑动线调整后从玄关望过去是由书柜组合形成的背景墙，解决了之前一眼望穿的弊端，保证了主卧室隐私的同时又可放置许多屋主喜欢的书籍，并起到装饰作用。一看就是爱好读书的一家人！

3 THIRDLY
遇见中世纪·亲手挑选的家具能够给人归属感

设计师：经典的石膏角线和灯盘为整个空间营造出精致的格调，搭配现代装饰的书柜和鱼骨拼地板，干净利落又有一丝年代感，北欧中世纪时期的老物件百看不厌！

对称的门洞设计使客厅和儿童房联系更加密切，同时增加了空间延伸感。弱化电视功能，把更多的时间留给家人。

柜子和中古落地灯等家具，都是需要花时间淘来的，人有趣的地方就是当你花精力在某一物品上的时候，自然会流露出很多情感，这时主人和家就有了关联……

4 FOURTHLY
充分利用阳台改善室内环境，给住宅一种优雅的氛围

设计师：阳台采用黑色格子双推玻璃门的设计，使户外景观能更大限度和室内衔接。柔和的米白色轻薄纱帘非常适合低楼层保护私隐，透光又柔和。搭配真皮沙发以及木色家具，整体空间更显精致复古，温暖柔和的色调里有了家的柔软温度！

餐厅

改造剖析

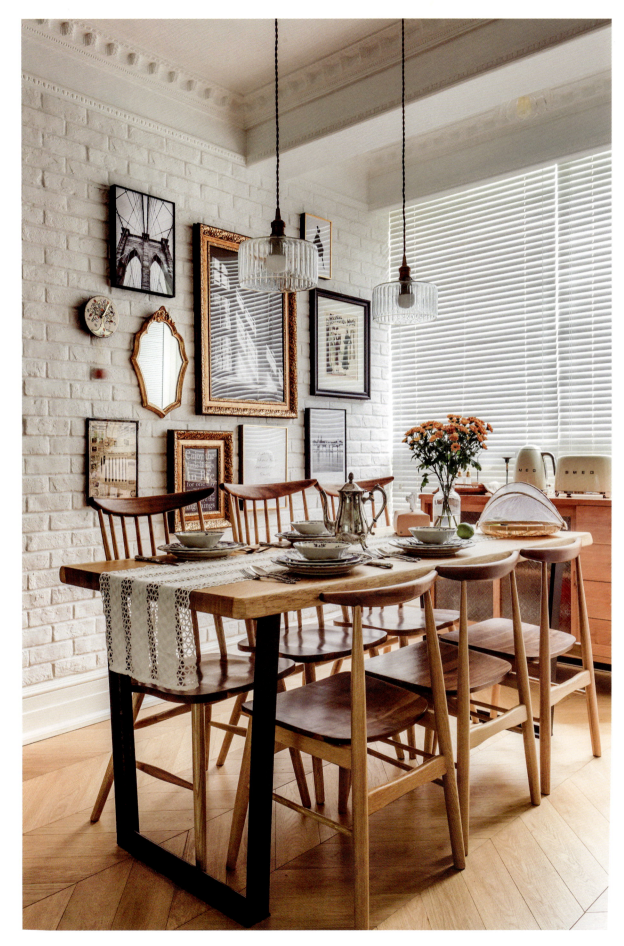

极具实用价值的餐边柜

◀ 改造前餐厅

利用穿透性材质创造隔而不断的 KD 空间，开阔的视野下有宽适的空间感

设计师： 餐厅的装饰更显复古，白色的墙体下温暖的配色充分调动人们的食欲。优良的采光给空间注入活力。

餐边柜的实用价值是非常强大的，里面可以放备用的餐具还有各种果盘杯子。怕油烟的小家电也可以放在上面，使用非常方便！

双开玻璃门为厨房提供更好的采光！业主一家习惯中式烹饪，因此没有安装嵌入式烤箱，而安装了直饮以及软水系统。高低错落的吊灯提供水槽区域照明也是厨房中的亮点。

卧室 改造剖析

1 FIRSTLY

Art Deco 的天花设计下采用简洁实用的家具搭配，营造干净利落的居住环境

设计师：经过动线更改后，在进入主卧室之前设置了玄关过渡区域（衣帽间）既保证了主卧室的隐私，又便于业主拿取衣物。

一幅柔软的棉绳编织挂毯、纯棉面料的床品、木质家具，软装的材料搭配在一起，给人朴实柔和的感觉，像极了女主人的气质！

中古电视柜和小吊灯延续了复古的格调。衣柜侧板和门板的处理方法一样，保持了统一性，空间转折更整体！

| 主卧 |

▼ 改造前主卧

2 SECONDLY

实用主义的诉求是回归生活

设计师：预留的老人房采用平易近人的简约设计，半墙搭配这样的沙发椅最合适不过了！

| 老人房 |

| 儿童房 |

3 THIRDLY

极具理性的儿童房里有父母对孩子的期望

设计师：大男孩的卧室不用过多的颜色，有喜欢的画、玩具、书籍，就有了属于自己的空间。

把飘窗抬高，做成书桌和旁边的书架连为一体，留出更多的活动空间。书架式的床头柜，相当实用！

卫浴 改造剖析

爱生活也爱美

设计师：将干区和朝北客卧衣帽间的走廊作为主通道通向主卧，光线透光客卧的移门走廊享有自然光照。经过 1m 宽的走廊时，即使有人在使用也不会感觉拥挤。谷仓门的使用节约了公卫内部空间。公卫地面使用色彩亮丽的水泥花砖，空间则无需太花哨的装饰；马桶的选择上使用了一款相对复古的造型。

迷你型的主卫专属女主人，定制的脸盆架，视觉上空间会宽松很多。1.6m 的落地式浴缸，是满足自己的一个小心愿，能美美地泡个澡什么都是值得的。

Break Boundaries, Turn the Regular Layout Into Irregular Comfortable House

破界，化规矩为不规则的闲适房

- 设计背景介绍
- 户型格局分析
- 改造要点难点
- 改造过程详解

受不了户型的规规矩矩？原来它也可以这样俏皮！阳台有点土？想让它变得更时尚、更休闲？

01 设计背景介绍 | Design's Background Introduction

人们对于归属感的依赖，总是离不开找寻记忆最深处的熟悉。这份熟悉里夹杂着回忆中的酸甜苦辣，或许跨越国界，或许跨越感官。记忆中的一种气味又或是脑海中的一个画面，都离不开对于归属的期待。这对常年旅居国外的夫妻亦如是，希望在台湾找到一处可以安定下来的房子。经过一番寻寻觅觅之后，他们在台北找到这套地段极佳的老公寓，希望将老房打造成独特的专属家园。

项目信息 | PROJECT INFORMATION

改造公司	奇拓室内装修设计有限公司
改造设计师	Chlo'e Kao，Ciro Liu
项目地点	台湾台北
项目面积	134 m²
使用对象	常年旅居国外的夫妻

02 户型格局分析 | The Layout Analysis

扫码查看电子版

格局受限，大阳台还可以更休闲

① 室内空间小，局限性突出，应该想办法让空间变得更宽敞。
② 有严重漏水与壁癌的问题，需着重解决。
③ 阳台空间大，采光良好，可以充分利用起来。

改造要点难点 | The Key Points and Difficulties

| 墙壁、漏水问题严重，夏天格外闷热 |

① 老房的壁癌和漏水问题是比较棘手的，同时要兼顾化解夏天易闷热的情况。

② 化解空间方正的突出特点，营造斜面，使房子具有更多的可塑性特征。

改造过程详解
The Renovation Process Explaination
04

平面图 改造剖析

▲ 改造后平面图

原来的客厅整合为一个大卧室，原有的卧室则变为客厅。

打掉此处墙体，以开放式设计串联整个空间。

▲ 改造前平面图

相比原始户型，设计师打掉了部分墙体，呈现出开放的格局；在对各部分区域的改造上，设计师化直线化方形为不规则，给予空间更多的灵活性。在入户之后的空间里，增添玄关区，令功能区分更加分明，也能在一定程度上保持室内的私密、隐蔽性以及保护室内居者的隐私；通过整合，互换客厅与卧室的位置；再次定位阳台，将其打造成度假式的休闲空间。

◀ 改造后门厅

▼ 改造前后主卫对比

▲ 改造前入户、阳台

小窗变大窗,传统变得更现代

把小的开窗改成大的开窗,并加上百叶窗,满足主人对通风、采光以及隐私的多项需求。大理石、洗手盆、换风扇、镜子的加入,令空间仿佛脱胎换骨,现代化十足。

▼ 改造后卧室变客厅

▶ 改造后客厅变卧室

全能改造 / Incredible Renovation | 137

客厅 & 餐厅 改造剖析

1 FIRSTLY

卧室变客厅，混搭风让生活拥有一股小资情调

设计师：一般而言，客厅是一套房子的门面，充当主人与客人会面的场所，也是主人放松的一个区间，因此客厅需让人印象深刻且让人耳目一新。这套房子原来的客厅与餐厅、厨房混合在一起，显得杂乱，显然不能满足品质生活的需求。现在把主卧改成客厅，将女主人喜欢的乡村风以及男主人喜欢的现代美式融合在一起，并融入主人喜欢的黄色和紫色，搭配灰色文化石和创意家具、摆设，构成和谐的一体空间。

做富有个性的设计：
操作台与中岛台一体桌、滑轮餐桌

2 SECONDLY

设计师： 原来的餐厨间虽有功能，但总体并不完善，所以我们在改造中给餐厨空间留出相对很大的面积，希望这样可以发挥出餐厨空间重要的社交与情感交流功能。餐桌选用的是带滑轮的可移动长桌，可以根据实际需要进行调节与安排，增强空间的灵活性和多变性。

▼ 夜间氛围的餐厅

厨房操作台延伸出来，形成一个异形的长桌，兼具操作台和中岛台的作用，也可以当早餐桌。同时，因为造型的丰富性，空间氛围可以变得生动活泼一些。

3 THIRDLY | 全开放式设计，以地面切线划分各区域

设计师： 改造后，这是一个非常通透的房子。全部空间都设计成开放的格局，就连公领域与私领域的划分也仅是以折叠门来划分虚与实，简单又实用，令动线得以优化。大面开窗将阳光引进室内，改善室内的光线和空气流通，也让空间更为宽敞、透亮。在开放式布局的基础上，利用多角度的切线切割出不同区域，突出空间独一无二的特质。

4 FOURTHLY

特意设计斜面天花，方正的格局也能变得很俏皮

设计师： 考虑到女主人喜欢乡村风，我们在天花设计了很多斜面，与地面切线遥相交织，并在顶端隔层强化隔热性能，进一步缓解夏日闷热的困扰，还利用斜面导入吊灯和空中绿植花架，加强空间的丰富性，营造休闲的气息。

卧室&书房 改造剖析

1 FIRSTLY 重组得到大卧室，百叶折叠门营造私享氛围

设计师：经过空间的重新组合，卧室由原先的毫无生气变得大气、时尚，给人视觉上的享受。两侧的黄色沙发和摆饰点亮素净的空间，对称的简易黑色壁灯与斜面天花板互为调和，同时百叶折叠门赋予休息空间安静的效果。

2 SECONDLY 在转角设书房，化空洞为有形

设计师：新辟出来的公共卫生间与大面积的餐厅之间留有一部分尚未利用的空间，是选择浪费还是"不留余地"？我们最终选择设计一间小书房，在有限的空间里，根据空间的走势置入书桌。外面便是阳台，一人一桌一缕光，在这里可以尽情享受一本书、一台电脑带来的好心情或是思考，也能在这个小区间里办公。

阳台 改造剖析

重整地面，放户外家具，描绘蓝天美景

设计师：把老阳台屋檐的铁皮、木板改为金属材质，由简易变得更坚固和牢靠。地面铺设的隔热层已经严重磨损，现在重新调整为铺设精选过的木地板，相对也比较耐用。然后在一侧设计了一个洗手盆，方便取水浇灌花草。户外家具让阳台的度假风更浓，墙壁上的蓝天涂鸦耐人寻味，意境与趣味性相辅相成。

推开记忆中的纽约黑色格子门，踏进脱离时空界限的空中花园，映入眼帘的是国际壁画大师Banksy，不用飞离台湾就能随时向他致敬。一转身，随即进入台湾的时空，中正纪念堂壮阔的蓝色天际让人流连忘返。这样的时空转换，只有剔除一切色相的灰色才能够将彼此不冲突地绑在一起，让时空主角更加纯粹地彰显出来，不用舟车劳顿就能环游世界一圈。

改造后记
Renovation Postscript

量身设计，完成空间的独特故事性

　　从阳台偷偷爬过黑色格子窗，多情的灰色进到室内。顺着光线的浓淡，空间有着善变的个性，时而时尚，时而复古，时而冷冽，时而温暖，空间峰回路转，元素多种多样，并非一种元素就能够轻易说明。

　　领域在不同的向度上看似有所区分，又像是彼此依偎，没有任何脉络上的界定，暗黑寓稳、木头欲活、灰砖于驳、地毯表致，在打破界线的同时又能彼此制衡。

　　百叶的若隐若现，延伸了视觉触角，也保留了卧室该有的神祕。交错的回忆网，网住了回忆送给我们的礼物，也在回忆与现实的空间来回穿梭，透过光的牵引，一会儿爬上了吧台，一会儿滚落了地面。

　　刹那间发现，在最熟悉不过的土地，植入了一生周游列国的缩影，回忆与现实打破任何界线，盘踞在各个角落，彼此编织着共生的和谐，让破界不再是个打破、拆开的词汇，而是重新排列组合的对未来的向往与归属——回家真好！

怎样的家才能包容精力充沛的"熊孩子"？

要休息、要娱乐还要在家里办公，明明空间面积这么小，功能需求却那么多！

杜绝空间浪费，强大的收纳把生活杂物统统藏起来

要准备二胎啦，给房子多一点童趣吧！

手枪户型、刀把儿户型？这样做能改出你的专属户型！

房东不让拆墙！房子到底怎么改才能装下我梦想中无限大的小宇宙？

不想让闹腾的熊孩子影响到左邻右里的日常生活？我想爆改出租屋，但是

CHAPTER 02 TWO 第二章

全 能 改 造 | Incredible Renovation

室内面积不足
如何满足功能需求

How Can A Small Pistol-typed Layout Accommodate A Family of 7?

小小的手枪户型如何容纳一家7口？

- 设计背景介绍
- 户型格局分析
- 改造要点难点
- 改造过程详解

小户型做两套卫浴是奢侈？房东不让拆墙，改造没法做？设计师说"交给我"！

01 设计背景介绍 | Design's Background Introduction

项目位于上海闵行开兴路的一个动迁小区中，这套两室一厅、使用面积60m²的普通房子因为一户特殊的租客而变得特别。

十年前，租户夫妇因为大女儿的先天性疾病获得了生二胎的资格，意外生下了龙凤四胞胎。四个小家伙的出生让这个原本并不富裕的家庭捉襟见肘，是上海市民的热心帮助让四胞胎健康茁壮成长，出于感恩，夫妇便将四胞胎起名"东东""方方""明明""珠珠"。

十年后，四胞胎"东方明珠"十岁了，但生活的压力却让这个七口之家只能蜗居在上海城郊一套小两室的出租屋内。

项目信息 | PROJECT INFORMATION

设计公司 / 立木设计研究室		
改造设计师 / 刘津瑞		
设计团队 / 冯琼、郭岚、汤璇、李佳沛、彭强、杨颖、罗迪		
项目经理 / 郭岚	墙体彩绘 / 李晓龙	项目面积 / 60 m²
施工图设计 / 武艺、蔡兴杰	文章漫画 / 杨颖	使用对象 / 一户有四胞胎的七口之家
照明顾问 / 蔡文静	项目地点 / 上海	摄影师 / 杨鹏程

02 户型格局分析 | The Layout Analysis

要摆家具，也要宽敞的空间

① 捉襟见肘的经济状况让这个家里显得空空荡荡，由于几乎没有几件家具，原本极少的生活物品也因为缺乏基本储物空间而随处堆放。

② 改造前，两室一厅不能满足7口人的居住需求；厨房和卫生间使用极度不便；狭小的餐桌甚至坐不下一家人。

改造要点难点 | The Key Points and Difficulties

明确动线走向，规划功能分区

① 户型动线主要分为家人动线、家务动线、访客动线。

家人动线主要包括客厅、餐厅、卫生间、卧室等；家务动线主要是在做家务劳动过程中形成的移动路线，主要涉及厨房、卫生间、生活阳台等，家务动线是三条动线中使用频率最高的，因此一定要注意合理安排空间顺序。

访客动线主要涉及客厅、餐厅、公共卫生间，为公共区动线，应尽量不与家人动线、家务动线交叠。

三条动线分割了空间的公私区域，且三条线尽量不能交叉，不然会导致空间混乱，动静不分。本案中的房东不允许改变房间格局，然而，户型决定了动线，因此设计师只能在已有格局下进行思考，改造只能通过改变功能区分布做简单的动线调整。

② 改造方希望借助良好的居住环境帮助四胞胎逐步培养起良好的生活习惯，减轻对父母的依赖。

改造过程详解 The Renovation Process Explaination **04**

平面图 改造剖析

储物难题

洗漱"灾难"

活动干扰

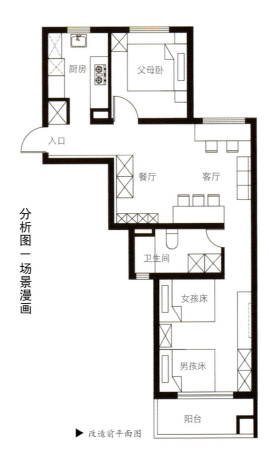
分析图一场景漫画
▶ 改造前平面图

▲ 改造前入口

① 改造前，没有属于大女儿的休息区，寒暑假来沪的大女儿只能睡客厅。

② 狭长走廊形成空间浪费。

③ 室内几近毛坯房，对于孩子而言毫无生活乐趣可言。

① 改造后充分利用走廊，通过设计增强住宅的收纳功能以及趣味性。

② 厨房和厕所精打细算，卡着尺寸腾挪出了双排操作台和效率提升三倍的两个卫浴空间。原有两间卧室里最大化地利用垂直空间，巧妙布置男孩、女孩房，以及父母的独立卧室。

③ 设计师力求消解房间的分隔感以追求空间的流动和视觉的通透，同时在细微的改动中埋下多个有趣的空间伏笔。

▲ 改造后平面图

▲ 四胞胎梦想中的家

▲ 改造之后的跑道之家

▼ 改造前客厅　　▼ 改造后客厅

全能改造 / Incredible Renovation

客厅 改造剖析

1 FIRSTLY
折叠空间，实现小居室的多功能需求

设计师：折叠式餐桌收取方便，保留了客厅作为完整游戏场的可能。

我们将睡觉、吃饭、储藏等不常用的功能压缩、折叠，甚至是隐藏，将承载着家庭大部分活动的公共空间放大、打通。

亲子厨房的设想最终凭借一系列极小尺寸的家具顺利实现：260mm 宽（普通为 450mm）的极小水槽、400mm 宽（普通为 600mm）的极小台面、充分利用消极空间的八边形（普通为长方形）转角小切板等，增加的不仅是厨房的大小，更是孩子和父母在一起做饭时相处的时间。

折叠式餐桌

2 SECONDLY
孩子多了之后，论降噪的重要性

设计师：动线开端是玩味儿十足的客厅。客厅铺设 PVC 地面、消音地毯、鹅卵石抱枕等将四胞胎活动时对楼下的干扰降到最小。

从客厅延伸到主卧的窄柜上勾勒出羽毛球拍、乒乓球拍、滑板、时钟、相框等图案，试图在新家中培养四胞胎良好的整理收纳习惯。

"东方明珠"四个孩子生活在一个勤劳朴实、乐观向上的家庭，父母并不富裕，但有无私的爱，希望给五个孩子一个无忧无虑的童年。快乐和自由是幸福童年的关键词，空间的温柔和有趣不仅给孩子带来更多探索的可能，也让家人呈现出更有爱的生活状态，这才是设计最美好的部分。

动线改造剖析

贯通南北的"跑道"

动线是格局的关键，单纯的枝桠状动线设计便利生活

设计师：在满足生活必须之余，我们利用视线引导和尺度变化，在收放之间营造出日常生活中的趣味性和仪式感。一条贯通南北的"跑道"成为主动线，不仅带来了穿堂的微风和漫游的步移景异，更像画龙点睛的一笔，让每个房间都有了根和方向。

我们还有更大胆的设想——希望用一系列独特的家具设计，帮助四胞胎逐步培养起良好的生活习惯，减轻对父母的依赖。

动线图

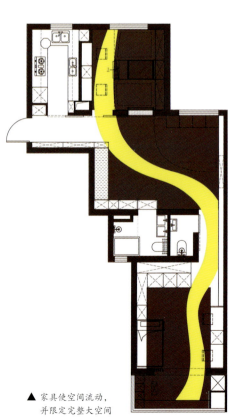

▲ 收纳空间分布图

▲ 家具使空间流动，并限定完整大空间

|152| 全能改造 / Incredible Renovation

卧室 改造剖析

| 父母房 |

1 FIRSTLY

移动立柜灵活分割独立的父母房

设计师：将住宅原有的主卧一分为二，利用移动立柜和折叠床解放了固定床位在白天占用的空间。夜晚将移动立柜中的父母床放下，拉上PVC拉帘便可以很好地保证父母房和女孩房的相对独立。

▼ 改造前父母房

◀ 改造前卫生间

| 卫浴 |

2 SECONDLY

居住人数多的家庭，卫浴设置一定要充足

设计师：动线中部是两套卫浴。将原有厕所一分为二而成的卫浴空间麻雀虽小，五脏俱全，极小尺寸的三套台盆、两个马桶、两套淋浴和一个浴缸彻底解决了一家人早晚高峰的使用难题。甚至在父母晚归的深夜，还能泡个澡消除一天的疲劳。

父亲因工作早出晚归经常见不到孩子，而卫生间旁的黑板涂鸦墙则创造了以文字和图画的形式表达爱与关心。

| 女孩房 |

▲ 改造前次卧

3 THIRDLY 充分利用家具的折叠功能，预留姐姐的生活空间

设计师：水平方向上睡觉、活动、学习空间互相独立，并在下铺隐藏了第三张床，希望用设计手段预留姐姐的生活空间，为一家人能够在上海团聚做充分准备。

可书写的墙面延伸了书桌的宽度，可以涂鸦的墙壁是对孩子天性的解放。

为大女儿预留的床位

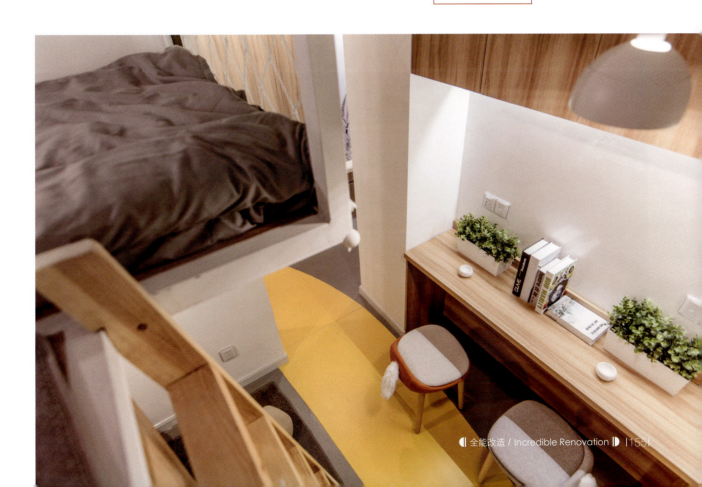

男孩房

4 FOURTHLY

| 合理的空间设计有利于培养孩子良好的生活习惯

设计师：树洞形状的壁龛既是放置第二天出门衣物的挂架，也是临时的换鞋凳。儿童视线高度的卡通图案有助于吸引孩子主动独立准备好第二天出门的行头。

被壁龛挤压后的走道呈现出强烈的方向性，深入几步之后，垂直于视线方向的漫游跑道强化了客厅的豁然开朗。

5 FIFTHLY

| 根据家长的期许装饰男孩房

设计师：上下分区保证了每个人睡觉、活动、学习的独立区域。山峦图案的墙面暗含着"书山有路勤为径"的期许。

阳台 改造剖析

▲ 改造前后阳台对比

| 小家里带吧台的植物园 |

设计师： 空间的紧迫感需要通过设计来缓解，我们把阳台纳入女孩房中，将整体空间延伸出去，使空间得到充分利用。使用专业的防粉尘纱窗消除开窗的顾虑。立体植物园里种了小番茄、辣椒、草莓、薄荷、冰草、芹菜等植物，改善房间景致的同时增加孩子童年生活的乐趣，创造"童孙未解供耕织，也傍桑阴学种瓜"的恬然状态。

Walk Through Our Romantic and Poetic Dream House in 13 Steps

浪漫诗意的梦想家园

13步走完的家，竟是我们浪漫诗意的梦想家园

- 设计背景介绍
- 户型格局分析
- 改造要点难点
- 改造过程详解

房子只有这么大，我们却有十几种爱好需要在家里安放！小朋友总是需要很多的玩耍空间，该如何破解？

01 设计背景介绍 | Design's Background Introduction

这套房子位于上海浦东，是建于20世纪80年代的老公房的顶层，普通层高，刀把儿户型，使用面积不到34m²，从南到北仅13步长，供祖孙3代5口人住。为了照顾快两岁的孙女，爷爷奶奶从甘肃省张掖市来到上海，但这里潮湿的天气和以米饭为主的饮食让他们极不习惯。

在这个家里，"小"压缩了使用空间，牺牲了居住品质，也锁住了一家人曾经极为丰富的爱好，男高音的爷爷不得不压低嗓子，再无歌声；同是文艺工作者的奶奶别了钢琴，爱好交谊舞的父亲不再跳舞，艺术出身的妈妈放下了画笔。一起被锁住的还有瑜伽、健身、喝茶、电影、桌游等这些多年的爱好，当琴棋书画被柴米油盐打败，小米宝的咿呀学语和蹒跚学步替代了一家人所有的"诗和远方"。

项目信息 | PROJECT INFORMATION

改造公司 / 立木设计研究室	施工图设计 / 赖武艺
改造设计师 / 刘津瑞	设计顾问 / 杨志刚、文立森、王蒙蒙、侯秀峰、蔡兴杰、唐熙、王溯凡
设计团队 / 冯琼、罗迪、王建桥、焦昕宇、汤璇、杨颖、张冬卿	项目地点 / 上海
项目经理 / 郭岚	项目面积 / 35 m²
软装设计 / 周昱	使用对象 / 歌唱家爷爷奶奶 + 年轻的爸妈 + 咿呀学语的孙女

02 户型格局分析 | The Layout Analysis

扫码查看电子版

布局尴尬，刀把儿户型可以更便利

① 户型是刀把儿户型，具有这种户型最为常见的缺陷，即刀把部分的利用率低，具体到这个户型，是只有客厅和主卧的功能，相比家人的需求显得比较浪费。

② 进门正对厕所门，厕所面积偏小，需要化解尴尬和狭隘问题。

③ 动线狭长，多有阻隔，使用感不是很好。

| 改造要点难点 | The Key Points and Difficulties

小空间需要满足大爱好，线性空间怎么做收纳

① 西晒严重，烧一顿饭就满头大汗，房子里的光线和通风问题是需要着重关注的两大点。

② 室内多为条状的线性空间，使用不便且阻隔视线。而3代5口人的十几种爱好，每一种都需要方正敞亮的大空间与之匹配。但在这套户型里，层高2.7~2.9m，面宽3m，甚至结构（老公房墙体大多不可拆除或移动）都被全部锁住，水平方向和垂直方向几乎没有改造的余地，应该怎么让只有34m²的小家看着大，用起来更大，让家人的爱好在家中得到满足？

平面图 改造剖析

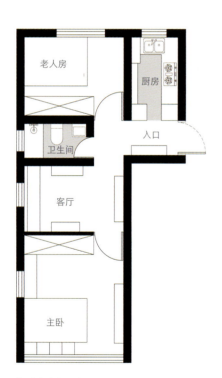

▲ 改造前平面图

▲ 改造后平面图

▲ 针对户主对上海环境的不适，改造的过程中引入了毛细管网系统，改善室内湿度、温度和空气质量。

▲ 改造前拥挤的入口

把厨房分为内厨房和外厨房，满足饮食不同引起的需要；拆分老人房的部分空间给卫生间，让卫生间不再"极窄"，另外把门改到客厅一侧，这样便没有一进门就是卫生间的尴尬；在客厅和主卧中间添设多功能室，更在客厅上方设计一个夹层，既可以作为小米宝的玩耍天地，也可以作为其长大后的独立卧室。整体而言，改造后的空间融入了更多功能，让这套小房子有大房子的用途和体验。

小变大，翠玲珑

设计师：斜向的线性空间该如何利用？我给出的答案是像"翠玲珑"[1]一样强化斜向对角线的深远。改造后新家的入口、玄关、老人房恰好构成一个"翠玲珑"的原型，视距也从1.7m延伸到了6.2m。

为了进一步强化进门时的纵深感，原先裸露的结构梁被包上了木皮，和老人房的柜体相连，形成了一道曲折尽致的风景。缓步而入，老人房窗外树影婆娑，翠色玲珑。

此外，客厅、玄关、内厨房三个房间角部相连成了家里的第二个"翠玲珑"，视距也从3.5m增加到了7.4m。两处"翠玲珑"打破了原先家中各个小空间的隔阂，户型短边方向狭小闭塞的先天不足被巧妙化解。

▲ 苏州沧浪亭翠玲珑

▲ 入口处翠玲珑进深 6.1 ㎡

▲ 客厅处翠玲珑进深 7.5 ㎡

1 翠玲珑："翠玲珑"是苏州园林沧浪亭里的一处景点，折过长长的走道，三个方形的房间角部相连，序列的重复使对角线空间变得极为深远，使得这部分既是三个独立房间，也是一个大房间。

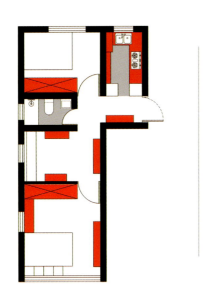

▲ 改造前储藏面积 7 ㎡　　　　▲ 改造后上部储藏面积 7 ㎡　　　　▲ 改造后下部储藏面积 15 ㎡

储藏空间的改造

设计师：标红的部分是这个房子中的储物空间，改造后对斜向空间的利用不仅不占用室内的宝贵墙面，节省的墙面、地面被复合利用成储藏空间，总计达到 22 ㎡，占室内总面积的 65%。

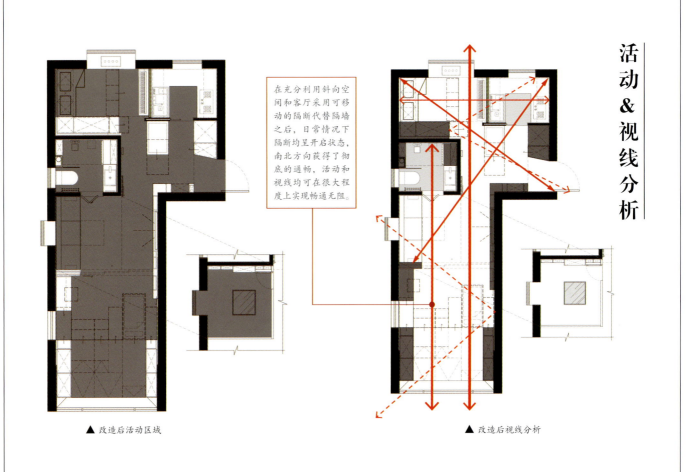

在充分利用斜向空间和客厅采用可移动的隔断代替隔墙之后，日常情况下隔断均呈开启状态，南北方向获得了彻底的通畅，活动和视线均可在很大程度上实现畅通无阻。

▲ 改造后活动区域　　　　▲ 改造后视线分析

活动 & 视线分析

入口
改造剖析

> 连续的线性灯带勾勒出一道富有仪式感的光之门,沐光而入,扑面而来的就是层叠深远的"翠玲珑"。远处的灯带拉开空间距离,给人敞亮的印象。

设灯带塑造形式感,先狭后敞再借视线,化解入口局促

设计师:《桃花源记》中有一句话,"初极狭,才通人。复行数十步,豁然开朗"。这个房子也能有这种体验。走过狭长的走道,刚进门的入口相比于原先反倒做了压缩,这是一种欲扬先抑的铺垫,也恰到好处地形成了大量储藏空间。

大面积的白色空间里,顶部木色的梁连着木色的柜子,真真假假,直指整个空间的最远处。被走道压抑、被灯光激发的情绪随着尺度的强烈对比,自然释放。就在迟疑的瞬间,木色的"秦"字LOGO在玄关白墙上轻轻一点,又让人将目光从远处收回。收放之间,入口借老人房的视线延伸,彻底改善了一进门的局促感受。而在白墙、墨框、木梁的塑景之下,方正的房间彼此交叠,曲折之中散发着庭院深深的悠远意境。

▼ 留白墙面上新家的LOGO

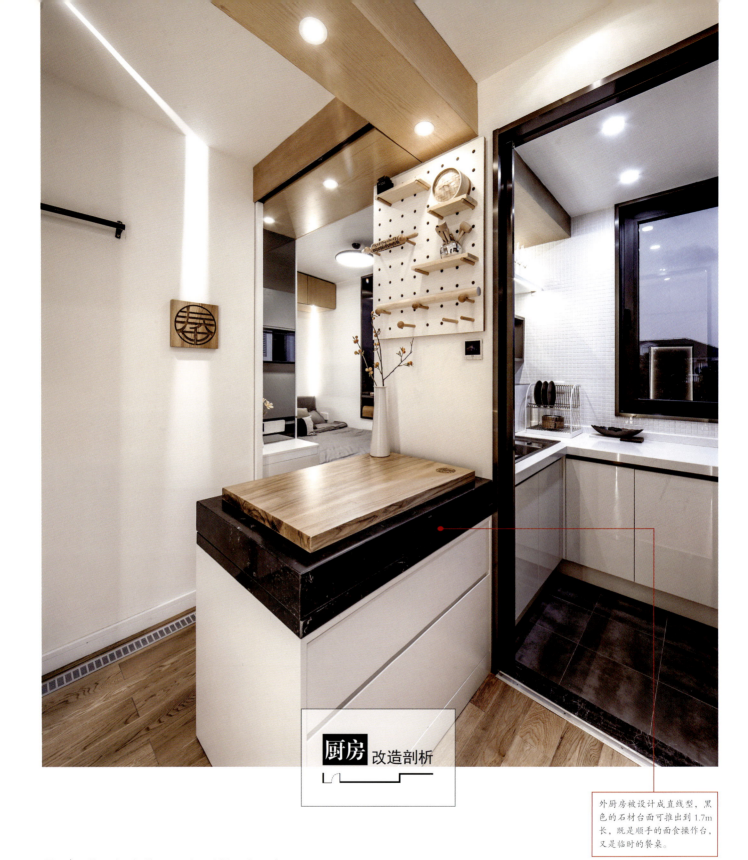

厨房 改造剖析

外厨房被设计成直线型，黑色的石材台面可推出到1.7m长，既是顺手的面食操作台，又是临时的餐桌。

1 兼顾饮食差异，分区域设计厨房

FIRSTLY

设计师： 考虑到业主偏西北的饮食习惯，我将厨房设计成内外两个区域，中间以暗藏的玻璃移门分隔，既隔绝油烟，又确保通透。

▲ 改造前闷热的厨房

▲ 改造后厨房

内厨房被设计成 U 形，2m 长的操作台、0.88m 长的多功能水槽极大提升了使用效率，紧凑高效。

2 SECONDLY

打通部分隔墙，丰富厨房的交流功能

设计师：局部打通老人房和内厨房之间的隔墙，缓解做饭时的枯燥。透过水平的玻璃，老人房内的山水画映入厨房，既是借景也是对景。当爷爷在厨房做饭，奶奶在隔壁弹琴，两人可以相望和照看，柴米油盐和琴棋书画相和，空间的小反倒拉近了距离，增加了亲切感。

客厅 改造剖析

1 FIRSTLY

大幅用夯土材料,既隔音,也能贴近家乡情怀

设计师:移动隔断替代了原先的隔墙,使得整个房子的动线更加流畅。电视机的背景墙选择了夯土这种地域性的材料,质地细密,色彩丰富,能够有效阻隔声音,解决隔声极差的状况,同时又浑然天成地重现业主家乡张掖的丹霞地貌。连续的夯土墙始于入口,转折直到卧室结束,既是空间流动的线索,也寄托着细腻的乡愁。

> 即使外厨房的面食操作台可以承担一部分的就餐功能,设计依然考虑了多人正式就餐的需求。可折叠为茶几的餐桌操作简便,简洁实用。

> 原先长条形的窗户被夹层分割成正方形的对景洞口,并巧妙地将西晒太阳转为漫反射的光。窗如画框,从朝霞满天到长河落日,四季风景变成了家中最美的装饰。

▲ 改造前车厢式的客厅

2 SECONDLY

严格把握尺寸，复合利用

设计师： 为了节省空间，全手工夯实的夯土墙厚度仅为15cm，局部再以内嵌的木格和背后暗藏的镜子对空间进行复合利用。

1 FIRSTLY

魔术盒子般的榻榻米，数种功能的大融合

设计师：主卧与多功能室合二为一，一共12m²，是家中最大的房间，睡觉、办公、唱歌、跳舞、画画、瑜伽、健身、桌游、电影等诸多活动都将在这里进行，每一寸墙面，甚至是地面和吊顶都被充分利用起来。

抬高的地台既有床的功能，也可作为唱歌的舞台和看电影的池座；两侧的衣柜实用且不遮挡阳光，地台下六个刻字的箱体分类储藏着各项爱好的设备和独立的折叠婴儿床；折叠式的书桌可延展为近2m的双人办公空间；涂满画板漆的墙面顺应了孩子爱随手涂鸦的天性；暗藏式的通高镜面收放自如，但最为困难的还是极小歌唱厅的打造。

▼ 堆满物品的主卧

拉上门，卧室实现了与客厅的隔断，成为独立的个人空间。

主卧 & 多功能室 改造剖析

声腔 & 定制鱼缸

2 SECONDLY

完善隔音与打造混响效果

设计师：为了给专业歌唱出身的爷爷奶奶一个更好的练声场所，设计将质地细密的夯土墙延伸到主卧以便隔声，用柜体优化了房间的长宽比，避免倍数的长宽比例。

在主卧里增加了连续的声腔，强化了屋顶的斜度并在吊顶上以连续的格栅打破平面反射，使声场更均匀。所有家具面板均选择质地细密的材料并做加厚处理，以减少对声音的吸收，最终让10m²的空间里获得了近0.6秒的混响效果。

老人房 改造剖析

▲ 改造前潮湿的老人房

用大块玻璃窗，告别潮湿的老人房

设计师：改造后的老人房仅有5.4m²，但整合了茶室、琴房、卧室、梳妆四大功能。为了拯救原先不到2m的面宽，改造选择了大块的玻璃窗，引入室外的绿树。我们特别设计了90°的暗藏式移门以避免视线的阻隔，并打通奶奶的钢琴台上方与厨房之间的隔墙，且可通过翻板合上，用三面的通透来对抗空间的小所产生的压抑。两个琴凳、一个梳妆凳都设计在可变家具中，虽然空间狭小，但也处处周到。

夹层游戏室 改造剖析

用安全性保障可行性,造出一个科技化的夹层游戏室

设计师:业主优良的运动天赋打消了我对夹层游戏空间可行性的顾虑,这个2m见方的夹层以绳索保护网、透明玻璃天窗划分出一个独立且并不压抑的童话天地。考虑到使用的便利,整个夹层顶部都用软包覆盖,上下的爬梯也有一定角度且能左右滑动。被关注却不被刻意打扰,空间狭小但却柔软舒适,夹层在这个弹丸之家里好像童话里的树屋,是对趣味性和安全感的回应。

改造后记
Renovation Postscript

对于居者需求的考虑，孩子与大人一个也不能少

除了对空间和功能的改造，设计没有忽略业主对上海的温度、湿度和空气质量的不适，改造后的新家引入了恒氧、恒温、恒湿的毛细管网系统，以实现跟老家张掖一样35%的室内湿度、26℃的室内温度和随时置换的新鲜空气。

我给新家设计的LOGO以姓氏"秦"为原型，上部"三"象征着塞北的山川，下部"禾"变化为江南的船锚，中间的"人"犹如一片宽大的屋顶，庇护着"禾"——还未长大的"米"宝。远看整个LOGO，好似开怀的笑脸，见证着这个五口之家拥抱崭新的生活。

回到改造初衷，这个普普通通的"沪漂"之家，可以不只为孩子的付出和牺牲，也能让每个家庭成员享受生活的欢愉和幸福，愿每个在上海打拼的人，都感受到这座城市的善意和温柔。

Continuing Precious Memories, Reshaping the Vitality of Old House Between New and Old

延续珍贵记忆,在新与旧之说中重塑老房子的生机

- 设计背景介绍
- 户型格局分析
- 改造要点难点
- 改造过程详解

理想是公主的城堡,现实却是漏雨、虫鼠聚居的阁楼,我该怎么办?

藤蔓植物侵夺采光和通风,但我们还想与绿植共生共存?

01 设计背景介绍 | Design's Background Introduction

在旁人眼中,这座有50年房龄的房子也许是一所破房子,但在主人眼里,这座房子实实在在是亲情和记忆的载体。有些人可能觉得这么破的房子为什么不搬走,完全可以置换更好的商品房,而因为有亲情的记忆在,有以前的生活故事情感和熟悉的景区环境,主人更愿意通过设计师的优化,让家变得方便生活需求,同时也延续流淌在岁月长河里的珍贵记忆,实现房子在新与旧情景下的对话。

项目信息 | PROJECT INFORMATION

设计公司 / 杭州时上建筑空间设计事务所	
改造设计师 / 沈墨	
设计团队 / 陶建浦、赵文兵	
项目施工 / 郑强	
项目面积 / 50 m²	使用对象 / 开朗的母亲 + 有阁楼公主梦的女儿
项目地点 / 浙江杭州	摄影师 / 戚朔迁

02 户型格局分析 | The Layout Analysis

动线流畅贯通，阁楼变独立房

① 功能混乱，储藏空间严重不足，需满足空间的收纳需求；女儿缺少独立卧室，需改善阁楼环境和功能。

② 动线混乱，需改善布局，为居住者提供更好的行走路线。

03 改造要点难点 | The Key Points and Difficulties

阴暗、潮湿的小房子变阳光房

① 建筑空间非常破败，漏水导致室内空间过于潮湿、产生霉气，且有虫鼠隐患。

② 水电方面存在安全问题，电路老化导致频繁跳闸，多次维修都未能得到解决，影响正常生活的便利性。

③ 采光通风状况堪忧。破败的建筑空间加上外部的藤蔓植物包裹房子、"侵入"室内，室内光线昏暗，空气不对流，这些缺陷急需破除，让房子变得更宜居。

④ 母女共同生活在一间房里，既感受不到一起生活的亲切气息，也没有个人私密空间，急需调整和彻底改变这种关系。

04 改造过程详解 | The Renovation Process Explaination

平面图 改造剖析

一层平面设计改造

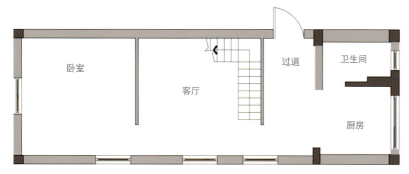
▲ 改造前平面图

▲ 改造后平面图

► 改造前、改造后客厅

打掉原始结构中客厅、过道、卫生间的部分墙体，同时重新规划过道与厨房，在很大程度上化解了各部分隔间造成的动线狭隘问题，形成贯穿全屋的超长通道，让卧室得以进行房间内外的通风。厨房的操作台变长，配合操作流程进行合理设计，照顾居住者的使用需求。

二层平面设计改造

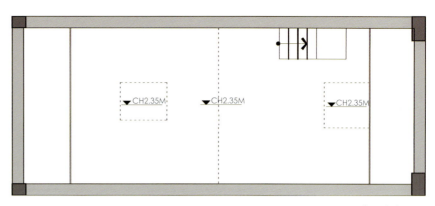

▲ 改造前平面图

▲ 改造后平面图

▶ 改造前阁楼

重新利用阁楼，设置卧室与衣帽间，满足最基本的居住需求；增大开窗，增强采光和通风功能，满足对居住舒适度的追求。

▲ 改造后阁楼

客厅 改造剖析

1 FIRSTLY 改造动线，方便空气流通

设计师：通过拆墙和调整布局，厨房和原有的过道为一层的动线提供方便，打造出一条畅通无阻的直线形动线。由此，人的行走可以更便捷，而风从窗口吹进来，可以经由玄关、客厅、卧室、楼梯、餐厅、厨房，让空间在室内外空气的互换中实现更好的通风功能。

2 SECONDLY 用体块串联空间，产生对话趣味

设计师：入户通过一个悬空的体块，加强体块感，并且进行多功能储藏。体块间的穿插实现客厅与楼梯间的连接与对话，重新规划的楼梯区域更像是一条时光隧道，充满年代的回忆，与当代不断碰撞，实现现代建筑语汇与低度设计空间的对话。

把外婆留下来的木床改成了客厅的沙发。

3 THIRDLY 重新利用不忍丢弃的老物件，使其化为日常生活所需的家具

设计师：设计源于"记忆"的概念，家还珍藏着很多生活记忆和情感。儿时收集的一张张邮票，外婆留下的木床化为客厅的沙发，旁边内嵌的柜子摆着母亲到现在都引以为豪的老嫁妆，老木板化身洗手盆的置物板，谁能说老旧的东西没有大的用处呢？

◀ 改造前，阁楼堆满杂物

餐厅 & 厨房 改造剖析

◀ 改造前厨房

加长的厨房操作台，可调节的餐桌，赋予生活仪式感

设计师：原来的厨房十分逼仄，在稍微外移扩大面积的基础上，我们设计了5m多长的操作台，让冰柜内嵌于一边的高柜，让洗衣机内嵌于另一边的隔间，合理划分清洗、烹调等区块，让做饭这件事更简单。

餐桌选的是可调节的桌子，不需要的时候可以收起来，腾出很大的一部分空间，在视觉上不仅节省更是扩宽了空间。

楼梯下"隐藏"的储物柜，解决储物空间不足的问题。

◀ 改造前楼梯

1 **对楼梯做加宽、变缓处理，在下面设计储物柜**

FIRSTLY

设计师：利用房子里布满岁月痕迹的老木头改造楼梯，加上了扶手，而且由陡变缓，并做了加宽处理，可以让家人在爬楼梯时更有安全感，也使得楼梯下面还"藏"着一个储物柜。

楼梯改造剖析

> 设计墙洞，既能增加采光，让人感受不同时段的光影变幻，也引导人发现生活、感受生活乐趣。

◀ 餐厅与洗手台之间的墙洞

2 SECONDLY
设计墙洞，采光与通风并行，告别阴暗潮湿的糟心环境，还带来令人心情愉悦的童趣

设计师：在餐厅与洗手台之间设计的墙洞，能够方便通风，最重要的是如果母亲在吃早餐而女儿在洗漱，母亲还可嘱咐女儿，促进家人的日常交流和情感沟通。我还在楼梯的墙上设计了很多装饰洞，主要的功用是作为采光洞，也能在不经意间为空间添入一些童趣、一些快乐。多年前父亲中奖抱回来的老空调也保留了下来，排风罩换成百叶窗，阳光透过，与墙洞配合，带来点点的温情和浪漫。

选用储物功能超强的衣柜和床榻,让小房子有大收纳

▼

设计师:一层的卧室里,因为阳光会落在西边墙上,所以把衣柜放在西侧绿色灯罩落地灯的后面,避免衣物或者其他储物的潮湿问题,同时这个衣柜具有超强的收纳功用。此外,充分利用床榻,内设多个格子结构,将格子拉出来,床仿佛变身为满是抽屉的桌子,再多的东西也可以放进去。

卧室 改造剖析

增大开窗、大破大立，令原本蟑螂、老鼠筑窝的阁楼变大套房

设计师：拾级而上是阁楼。拜访这家人的旧宅，第一印象就是杂乱，建筑破旧，其中最为突出的就是阁楼。现在重新利用其阁楼，对空间大扫除，开大型的条形窗，最大化采光和通风，置入卡座和衣帽间，营造愉悦自在的生活状态，让女儿再做回"公主"，住进阁楼的梦想城堡里，还可以时时眺望玉皇山景区。

▼ 改造前卧室

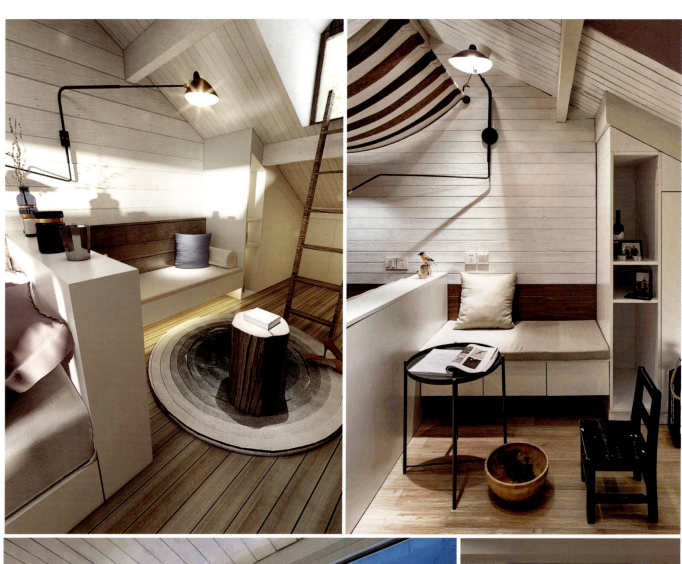

改造后记
Renovation Postscript

住处是相聚之所，改造则应促进交流与沟通

对这座房子的改造，我们是结合了现场情况以及杭州本地西湖景区的生活状态，对建筑内外和生活方式重新考虑，做了符合当地生活的当下的设计。

对建筑和室内，我们是作为一个场所来考虑的，把它看作一个人与人相聚的场所，我们的出发点便是人与人的交流和相会。"轻生活"的概念即由此而来。生活本来就是安静的和享受的，家是一个放松的港湾，家也是感情和记忆传承的地方，我们不希望新的环境是一个陌生的地方，新的设计应该是属于居住者最安全、最踏实的家。

经过改造后，家中的每一处场景都是一幅生动画卷，这些画卷又适当地组成了生活中温馨自在的宜居氛围。动与静的映衬，视与听的结合，虚与实的变化，情与景的交融，都通过镜头凝炼在此时此刻，弥漫着复古与自然的腔调，营造舒适与温馨的体验感。在色彩上，我们运用了稳重的对比，延续北欧情怀的温度，在形、色、意上共同营造温暖的空间。

简约大气的白色空间，沉淀着优雅的质感，搭配木质的吊顶，呈现出更有韵味的空间意境。几抹亮色的点缀，令空间层次倍加分明，也恰到好处地带动居家环境的活力气息，平添一丝时尚而精致的感受，而轻柔的光线游离于简单、纯粹的白色空间，为宁静的氛围带入些许灵动意味。

Parenting House
Give Children A Perfect Childhood

育儿之家 给孩子一个完美童年

- 设计背景介绍
- 户型格局分析
- 改造要点难点
- 改造过程详解

准备怀二胎了,房子不够用怎么办?
家里没有童趣,太枯燥?
跟设计师学,打造一个育儿之家!

设计背景介绍 | Design's Background Introduction

屋主是一对注重与孩子建立亲密亲子关系的夫妻,在计划要生第二胎,换大一点的房子的决定之下,希望以纯净北欧氛围做新屋主要的风格设定,宽敞的面积加上大片窗户,使得采光成为此屋的优势。此外,希望能够充分发挥空间的面积优势,创造明亮清爽的育儿之家。

项目信息 | PROJECT INFORMATION

设计公司	尔声空间设计有限公司
改造设计师	林欣璇、陈荣声
项目地点	台湾台北
项目面积	126 m²
使用对象	准备怀二胎的年轻夫妇
主要材料	低甲醛桦木夹板、OSB 板、木作烤漆、铁件、进口磁砖、六角砖、超耐磨木地板、特殊涂料等
摄影师	陈荣声

02 户型格局分析 | The Layout Analysis

为了孩子，空间要装得下、玩得开

① 旧房原有装潢周正而刻板，不符合业主对住宅亲和力和趣味性的要求。

② 收纳空间不足。

03 改造要点难点 | The Key Points and Difficulties

① 在本案中如何更好地诠释空间的悠闲（laid-back）、开放（open）、趣味性（fun），是设计师的思考重点。

② 一个能与孩子一起成长的家，一个以孩子为中心的家，如何将爱与陪伴融入到空间中是关键。

04 改造过程详解 The Renovation Process Explaination

平面图 改造剖析

▲ 改造前平面图

▼ 改造前客厅

▲ 改造后客厅

① 改造前的现有格局不适合儿童阶段的居住要求。孩子需要更多的活动、游戏空间，应在公共区域打造更多开放空间供孩子奔跑玩耍。

② 公共区域配比较小，卧室太多，造成空间感相对较差。

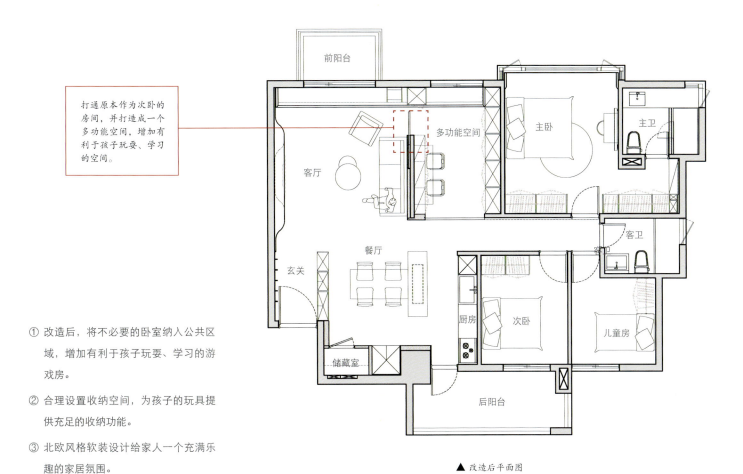

打通原本作为次卧的房间，并打造成一个多功能空间，增加有利于孩子玩耍、学习的空间。

▲ 改造后平面图

① 改造后，将不必要的卧室纳入公共区域，增加有利于孩子玩耍、学习的游戏房。
② 合理设置收纳空间，为孩子的玩具提供充足的收纳功能。
③ 北欧风格软装设计给家人一个充满乐趣的家居氛围。

▼ 改造前客厅一角

▼ 改造前餐厅

▼ 改造后餐厅

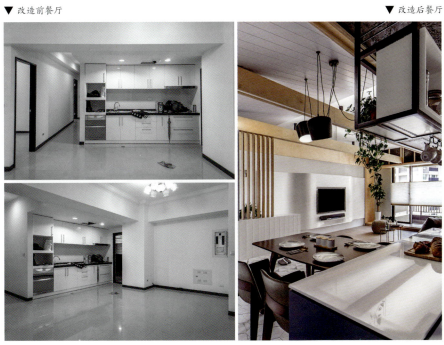

客厅 改造剖析

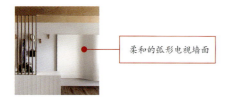

柔和的弧形电视墙面

▼ 改造前客厅

1 FIRSTLY 弧形转角设计，呵护孩子的安全

设计师： 由大门进入，映入眼帘的是一片柔和的弧形电视墙面，简约的形体嵌入轻盈如纸片，材料使用木作，完成面涂特殊白漆，光滑的质感柔化了上方带有强烈直线性的空间感。业主只使用机柜的基本功能，弧形的墙体横跨整个客厅，尾端则变成细长的纸片插入木框，消失于框景。午后的阳光轻轻地由阳台洒入室内，不仅突显电视墙轻盈的质感，更温暖了架高的木平台，自然光温暖地感染全室。

② SECONDLY

玩是孩子的天性，同时也是孩子的权力

设计师：利用北欧的清爽色系为基本，使用桦木框起大片落地窗，由客厅过渡到后方以孩子为主的游戏房，形成一幅大型窗景，发挥住宅原有的采光优势。

用桦木框起一幅大型窗景

以孩子的身高为参考，架高的木窗框成为孩子随坐随玩的平台；木框延伸进游戏房之后便是柔软的飘窗设计，鼓励孩子找个舒适的角落进行阅读。

> 照顾孩子是无时无刻的，开放式的厨房能够方便家长对幼儿的看护，同时增加亲子间的互动。

餐厅 改造剖析

1 "寓教于乐"需要空间的支持

FIRSTLY

设计师：将客厅后方原有客房改为游戏房，我们将部分墙面拆除，改以透光门片代替。业主在厨房备餐的时候，视觉可以穿透到开放的客厅与游戏房，以确保孩子的安全。游戏室一面侧墙设有整面的收纳柜，柜体下方留有开放层板，将孩童喜爱的玩具箱放置于适合他们身高的位置，方便他们养成自行收纳的好习惯。游戏房另一侧墙面则是配置上柜，下方可以放置活动书桌，将来可轻易变化成孩童们的书房，必要时也能将两侧滑门关上，帮助孩童专心于课业。弹性调配空间，使游戏房可以跟随小主人一同成长进化。

▶ 改造前厨房

2 面对面的开放式厨房,增加与孩子的互动

SECONDLY

设计师: 与大门同侧的便是开放式厨房,格栅造型的鞋柜巧妙隔出了业主期待的穿透性强的玄关功能。厨房配有完整机能性中岛,两侧使用灰蓝色立板,而地面的六角砖材质则向中岛正面延伸,就像由地面升起的柜体,上方有铁件搭配木皮吊柜,利用不同颜色与材质碰撞,让中岛成为餐厅的主题区域。

▼ 改造前厨房

3 THIRDLY

用明亮的色彩打造开朗的成长环境

设计师：两种色调墙面的后方备有一个储藏室，极大地满足收纳需求。现况的两支上梁横跨客餐厅与游戏室，我们不但不将梁隐藏，还做了另外两条木作横梁作为装饰，延续欧式木屋的横梁结构特性，将这三个开放空间串联起来。

木作横梁内藏LED间接照明，让光反射到平天花，显得空间更为轻盈。应厨房和餐厅的实用性质，地板材质使用六角银狐瓷砖，从玄关一字形延伸到厨房，也与上方斜天花的边界相呼应，巧妙区分空间性质。餐桌上方配置有不规则垂吊灯，加入黑色元素，与客厅木窗框上方有着一样的反差色，给予视觉上极简又带有浓烈对比的立体效果，符合业主所期待的现代洗练的北欧氛围。

4 FOURTHLY

用"变化"打造有趣的空间

设计师：有良好屋高，天花板有趣的设计也是本案设计的另一大亮点。打斜的天花板实际上是仿欧式小木屋，我们将吊隐式的冷气机子隐藏于天花上方，只降低局部天花，并从墙面延续木屋的直线型木板至天花，色彩上也利用墙面上半部的灰色带到斜天花，视觉上间接提升了天花的高度。

木作横梁内藏LED间接照明，让光反射到天花。

卧室 改造剖析

1 FIRSTLY

呵护孩子，也要爱自己

设计师：进入主浴，纯白色带有手感强烈的面包砖贴于浴室上半段，而下半段则是采用仿天然石材纹路的大片磁砖来营造简约活泼的氛围。延用公共空间的浅色桦木作为浴柜门片，除了有实用的收纳功能之外，温润的材质与冷调的磁砖结合，不但平衡整体色温，更是为冰冷的浴室注入温润质感。墙面上挂有大片圆形镜面，背后藏有LED的间接光源，巧妙地借两侧反光材质，形成有趣的日全食影像，也达到视觉上的延伸与放大，使业主享有舒适沉淀身心的泡澡好时光。

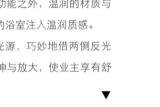

2 SECONDLY 在简洁干净的卧室消除一天的疲劳

设计师：延续公共空间的大片窗景，主卧也有大片的窗户，这里也使用桦木框来呼应公共空间的设计，在家中形成多个框景。一整面的衣柜设计满足业主收纳需求，主卧转进主浴之前，端景墙设有简约的化妆台，符合女主人站着化妆的习惯。

Appreciate How the Designer Transforms Magicians' House with Brainstorms?

奇思妙想，看设计师如何改造魔术师的家？

- 设计背景介绍
- 户型格局分析
- 改造要点难点
- 改造过程详解

面积不够，功能需求太多？跟着设计大师这样学

设计背景介绍 | Design's Background Introduction

你可能都领略过魔术师台上的风光，但是，肯定从来没有去过职业魔术师的家！

香港职业魔术师李泽邦的家，和想象中的不一样，这里更像是个大仓库，里面堆满了表演时用的道具，还有做道具的工具。另外，因为东西太多，没有休息的地方；大家的办公场地也异常拥挤。

因为开销太大，李泽邦打算把工作室从香港搬到深圳，并且租了现在这套110m²的loft。不过，摆在面前的难题是，如何把原本塞满香港160m²大开间的道具塞进110m²的房子呢？而且还要兼具办公和居住的功能？

项目信息 | PROJECT INFORMATION

改造设计师 /	李益中
项目地点 /	广东深圳
项目面积 /	110 m²
使用对象 /	3位爱魔术的年轻人

02 户型格局分析 | The Layout Analysis

融合功能与美感，变大、变亮

① 原户型楼梯位置不合理，占地面积大，更改楼梯的位置。
② 原空间不足以满足业主职业需求，更改动线，完善功能配套。
③ 二层空间隔断多，墙体厚，视觉感压抑，应变得更加明亮开阔。

03 改造要点难点 | The Key Points and Difficulties

麻雀虽小 五脏俱全

① 在有限的空间中，同时要满足屋主的众多需求。既要满足办公空间、休息空间，还需要具备储藏、排练、教学等多功能空间。

② 提高空间利用率，完善生活配套设施，学会把 1m² 拆作 2m² 使用，而且不能让整个空间看起来拥挤。

04 改造过程详解 | The Renovation Process Explaination

平面图 改造剖析

▲ 改造前平面图   ▲ 改造后平面图

● 一层平面设计改造

▲ 改造前客厅、厨房

一层功能划分更加清楚，划出客厅、厨房、工具间、洗手间，楼梯位置也由原来进门左手边移至房间最内侧，有了最直观的空间变化。同时将楼梯安置在房屋入口的对角线处，环形结构最大限度地释放了房屋面积，极大地拓宽了一楼的会客空间。

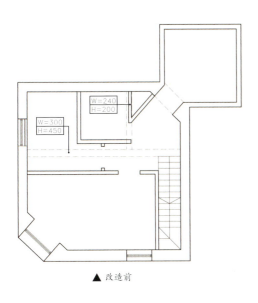

▲ 改造前

▲ 改造前楼梯　　　　　　　　　▲ 改造后楼梯

▲ 改造前客厅、卧室

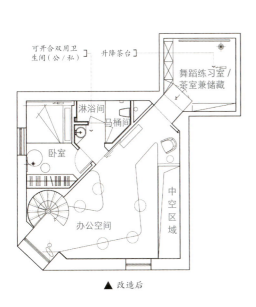

▲ 改造后

● 二层平面设计改造

二层使用环境较为安静，分为办公区、休息室、排练室与洗手间。为了满足这么多功能，只能把1m²拆作2m²用，不浪费任何一点空间。

▲ 改造后客厅、办公区

客厅 & 餐厅 改造剖析

1 FIRSTLY

精心打造业主独特气质，充满魔幻气息的玄关

设计师：玄关是进入一间房的第一印象。一般来说，玄关给人的感觉决定了整个房屋给人的印象。因为这是工作与居住为一体的空间，除了居住，还会有学生听课，会有人来谈合作，所以玄关需要显得专业一点，魔幻一点，时尚一点。

于是，在玄关的左右两侧及天花板都铺上了镜子，中间用不同走向的灯带来增加动感，同时照明。这个灵感，来自我小时候玩的万花筒，是我最早接触到的"魔术"。万花筒的一端是颜色鲜艳的实物，筒中间放了三棱镜，从另一头看，每次都可以看到不一样的图像。

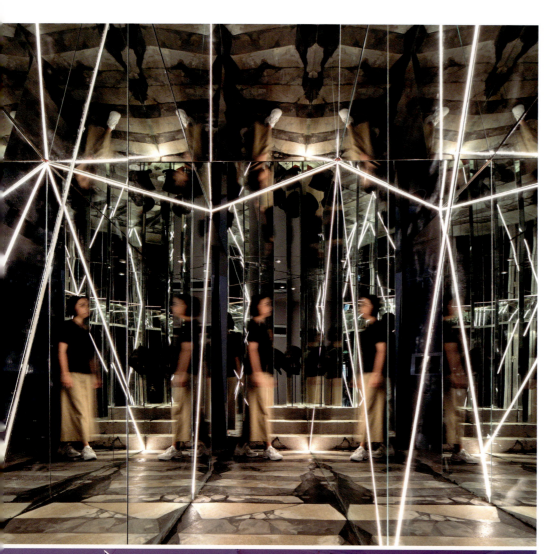

开放式空间有助于扩大视觉效果，同时要善于使用软装隔断

一楼的洗手间、厨房与客厅的隔断都用的黑色幕布，幕布拉开时让整个房间看起来很宽敞，幕布全部拉上的时候，就能变成一个小舞台。

客厅够大，但还缺少能满足业主职业表演的舞台

舞台对面沿墙而设的V形沙发，适合多人观坐。同时沙发上面是个平台，人多的时候还能升一层起来，巧变三层看台，容纳二三十个观众不成问题。另外，在洗手间与客厅的墙面上铺了镜子，同时安了电视，能作为屋主教学的地方。

2 SECONDLY

整合餐厅、厨房区域，透过开放式的规划，消除空间浪费，放大空间功能

设计师：厨房与餐厅相连，餐厅又可以变身为会议室。餐桌是设计中的点睛之笔，它可以是日常实用的餐桌，将桌面翻开，围上板凳，又是正式的会议场所。一张桌子魔术般满足了生活、工作的各种需求，随着时间，自由转化。

▶ 工具间与洗手间之间的这个空间不能放弃，应该充分利用，所以把洗衣机和冰箱叠着放在里面，做了暗门，从外面看也不影响美观。

全能改造 / Incredible Renovation |205|

楼梯 & 休息室
改造剖析

1 FIRSTLY

好的设计会让空间拥有生命，空间里充满灵气

设计师：保留了原来楼梯拆掉后的空间，这样可以让二楼与一楼产生联系，让人有不同的空间感。原来的楼梯藏在角落里，让人感觉不到房子有两层，会让人误以为房子只有一层。楼梯是空间中一个很重的造型，连接着上下两层楼，起到一个指引的作用。

2 SECONDLY

楼梯律动的旋律，促成幸福生活乐章

设计师：选择旋转向上的这个楼梯，一是旋转式的造型可以提升空间的动感，二是节约楼梯所占用的空间。改造后的效果还算满意，业主也都挺开心。

> **集排练、休息、储物、喝茶于一体，设计没有不可能**
>
> 排练厅用的是榻榻米，如果加班到很晚，另外一个合伙人能直接在这里休息。空了还能几个人坐一块喝喝茶，聊聊人生。

办公区 改造剖析

| 去除不必要的隔墙，打通空间，宽敞明亮 |

设计师：定制满足客户办公的需求，采取去除隔墙，形成一个可供至少五人办公的宽敞区域。同时，良好的采光配上鲜亮的色彩，美观实用。

家具这么漂亮，品位这么高雅，但是家里的装潢总感觉不上档次？
我个性鲜明，怎样才能改出专属家居风格？

居家美宅配完美软装，让你每天都像是在度假！

明明是千万豪宅，长得却像旧郊区的出租屋！
家具、灯光和饰面，这样做能改出逆天美宅！

我的改造，要功能，要品位，更要个性化的美！

软装改造就是换家具？房子里阳光明媚、空气清新，为什么就是感觉丑丑的？

CHAPTER 03
THREE   第 三 章

全 能 改 造 | Incredible Renovation

空间环境差，如何改出舒适美观宅

Exclusive Disclosure, Renovation of Tropical Vacation Residence!

风情住宅的改造之路！独家大揭秘，热带度假

- 设计背景介绍
- 户型格局分析
- 改造要点难点
- 改造过程详解

家就该好好装扮起来，仿若天天在度假！
从客户的生活方式出发，找到适合的最佳风格。

01 设计背景介绍 | Design's Background Introduction

设计目的是创造一个时尚、友好的家庭环境，以反映客户的生活方式并使其达到最佳。这间顶层公寓属于一对30多岁的年轻夫妇，位于土耳其伊斯坦布尔宁静的埃伦考，公寓面积250m²，共两层。

男主人是一位商人，他的妻子是一位工程师。现在是只有两个人居住在这个公寓里，但客户要求一个可扩大延展的设计。他们非常喜欢家庭聚会和烹饪，也经常邀请他们的朋友和家人一起聚餐、看电影等，同时也喜欢在周末与家人朋友一起在露台上喝酒。一个喜欢大自然，另一个喜欢海滩，所以设计中我们需要把两者结合起来。

项目信息 | PROJECT INFORMATION

项目名称 / KHALKEDON HOUSE			
设计公司 / ESCAPE FROM SOFA		**项目面积** / 250 m²	
设计师 / Kerem Ercin, Mahmut Kefeli, Irem Baser		**使用对象** / A Young Couple Enjoying the Party	
项目地点 / Istanbul, Turkey		**摄影师** / Ibrahim Ozbunar	

02 户型格局分析 | The Layout Analysis

| 了解业主切身的需求，适应他们的生活方式

① 原户型房间多，但功能分区不明确，未能满足业主的诉求。

② 格局太过分开，而业主以聚会为常态，一个宽敞开放的空间是必备的。

③ 适应年轻人的生活，动线尽量简洁。

03 改造要点难点 | The Key Points and Difficulties

如何把控风格的营造，打造专属个性的家居风尚

① 夫妻性格各异，喜爱不同，如何使其达到平衡是整个设计的要点。
② 在格局不做大的改动之下，创造一个专属于他们的享乐天地，只能利用已有的空间。
③ 珍惜每个空间的存在，充分装扮起来，也许它会惊艳到你。

04 改造过程详解 | The Renovation Process Explaination

平面图 改造剖析

一层平面规划

改造前二层

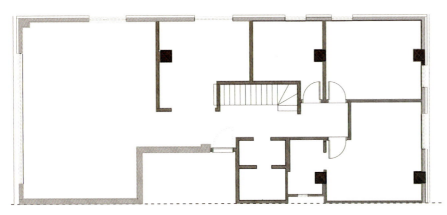

▲ 规划前平面图

▲ 规划后平面图

公寓的面积足够大，一层作为公共接待区域，视野和采光要足够明亮。全开放式的格局设计，提供良好的互动氛围，有利于无障碍的沟通与交流。

二层平面规划

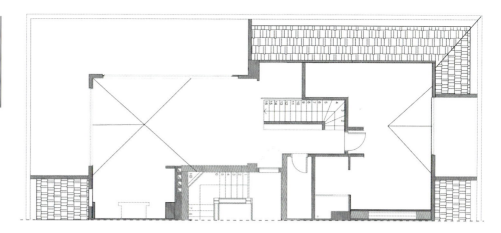

▲ 规划前平面图

▲ 规划后平面图

▼ 改造前客厅　　　　　　　　　　　　　　　▼ 改造后客厅

最关键的规划在于充分利用了顶楼休闲空间，打造了一个世外桃源般的庭院。大大的玻璃窗内，娴静安享，窗外更是鸟语花香，空间感忽然变得清新起来，青春被激扬，单纯美妙。

起居室
改造剖析

我们需要一种根据生活方式、生活习惯和趋势来提高生活空间的方法。

1 既然户型很完美，格局动线需要更完美

FIRSTLY

设计师： 由极简的线条空间和奢华材质来划分空间动线，起居室置于动线的尽头，一字形直入，闲适安静。我们试图通过每一条简约的线条和干净的表面来打造室内空间，体现出当代时髦的风格，给人一种舒适和优雅的感觉。

2 SECONDLY

客户的需求是什么？度假聚会！软装陈设来营造

设计师：定制设计的墙纸所描绘的热带树叶和花卉是公寓的点睛之笔，完美地平衡了墙壁与针织品的白色和灰色。黄铜家具、大理石家具、Iroko 地板等，通过整洁和现代的细节设计，给空间增添了温馨好客的氛围。

餐厅 改造剖析

1 **餐厅结合开放式吧台，让光线自由穿透**

FIRSTLY

设计师：餐厅以开放的形式紧邻起居室，与明亮的光线一窗之隔，通过视觉的延伸可享受户外青葱的绿意。舒适的木质餐厅与银灰色竖条纹背景墙造型搭配，可营造沉静低调的氛围。餐桌上花卉的热烈典雅与几何的艺术时尚在沉稳的灰色空间相遇，空间感更显开阔宽敞，为我们上演了一幕优雅轻奢的魅力大片。

▲ 改造前楼梯　　　　　　▲ 改造后楼梯

2 SECONDLY

空间的使用率是可以重新定义的，巧把楼梯做成收纳空间

设计师：楼梯作为重点改造对象，强调美观实用。全面板条木板覆盖，保证了整个空间的完整性。定制设计的储存柜彰显自己的中世纪风格，每一处纹理和材质的调整，都是设计理念的精准体现。

▼ 改造前楼梯

客厅
改造剖析

建筑的哪些部分将保留下来?如何在最佳情况下利用自然光?

▼ 改造前客厅

1 FIRSTLY

重新认知空间、重新计算,才能有最佳空间表现,带来最好的采光

设计师:改造是所有需求和观点的集合,需要广泛思考才能达到客户满意的效果。地板、墙壁和天花板的一致性是我们根据可利用的最佳空间重新设计的,小平面的天花板允许天窗流过屋顶窗户,视野非常开阔,自然景色宜人,形成一种更加俏皮、风趣的氛围。

2 SECONDLY

如果户型墙过于多面,适当的多重切割可以增加视觉的延伸感

设计师:几何线条的顶面切割,带来现代美学,大面的玻璃开窗,令科技与现代元素完美结合的空间丰盈而有序。巧设的阅读空间里,简单的壁炉,盈润的棕色书架,期间摆件或多或少,但十分精致,放置合理,不显得过于繁冗。想必休憩于此时光的洪流里,便可以最简单的方式静静地体味不同于世俗的书香世界。

卧室 改造剖析

1 FIRSTLY

将收纳转移到墙面柜体，化整为零，打造干净整洁的卧室空间

设计师：每一个房间里，我们都能看到中世纪风格谦逊却详细的存在。家具都是按实际尺寸定制设计和制造的，大部分是手工制作，使用天然纹理饰面，如木材、大理石和黄铜，表现出一种主要的同步风格，细微之处彰显差别。

2 SECONDLY

私密空间内温馨的色彩与布艺搭配，可以锦上添花

设计师：卧室空间作为体现休憩功能的私密场所，它的设计要以舒适轻松为主。在惬意的环境中入睡，会令身心都得到极大的放松。而色彩与布艺配搭完美，会令质感优雅的空间锦上添花。当极具视觉张力的白调与优雅灵动的花枝床品融合，展现给我们的是极致的愉悦与诱惑。

露台改造剖析

1 FIRSTLY 一份闲适的情调感，轻松打造精致的生活

阳光和煦，微风轻拂，三两好友，闲聊舒畅。以舒适自然为主的楼顶休闲空间绝不能缺少浪漫的营造，蓝天、白云、灰墙、绿植，一切美好合理。

2 最美的房子，要学会与大自然的完美融合

SECONDLY

设计师：这间顶楼公寓面向一个 L 形露台花园开放，包括舒适的休息室和餐厅，优雅的灰色、白色和婴儿蓝结合迷人的王子岛景色使得这里成为欣赏马尔马拉海日落的最佳地点。

Renovate Like This, Old House Becomes A Luxury Mansion

旧宅变豪宅，就该这样改

- 设计背景介绍
- 户型格局分析
- 改造要点难点
- 改造过程详解

坐拥江景，地段优良，价值4千万？这可能是一套"假豪宅"！
采光好就是好房子？这些墙还得拆！
设计师还房子一个"豪宅之实"！

01 设计背景介绍 | Design's Background Introduction

这是一套投资房，用于出租或电视剧取景拍摄。预算跟施工时间有些紧凑，好在房主乐于做"甩手掌柜"，要求"只要后期拍照好看，租的价钱高就可以"，目标就是打造一套景观绝佳的观景房。

项目信息 | PROJECT INFORMATION

改造公司 /	上海费弗空间设计
改造设计师 /	费崎峰
项目地点 /	上海
项目面积 /	280 m²
使用对象 /	屋主用于出租或拍摄取景

全能改造 / Incredible Renovation

02 户型格局分析 | The Layout Analysis

释放空间束缚是变身"豪宅"的关键

① 原先的格局入户就看见玄关隔墙,视线受阻,给人的空间体验比较压抑。

② 主卧衣帽间呈封闭状,居住面积虽说够大却在视觉上受限。

| 改造要点难点 | The Key Points and Difficulties

衡量空间划分，讲究软装搭配

① 格局是空间改造的重点。空间中不需要的墙容易造成闭塞感，看似简单的拆墙，实际上需要仔细考量其合理性。

② 住宅没有设计感，要"拍照好看"，必须有系统的软装设计，因此，本案的软装是重点。

改造过程详解
The Renovation Process Explaination 04

平面图 改造剖析

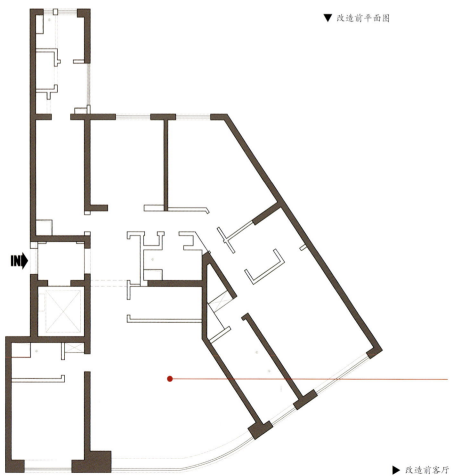

▼ 改造前平面图

① 280m² 空间的原始设计因为入户玄关的隔墙而失掉了豪宅该有的空间感。

② 照明布置简单，缺乏层次；灯具布置少，容易造成部分区域光照不足。

▼ 改造后客厅

▶ 改造前客厅

|232| 全能改造 / Incredible Renovation

▼ 改造后平面图

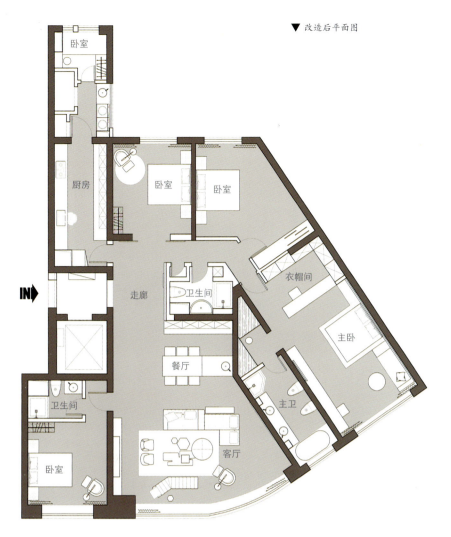

▲ 改造前厨房

① 简约，不是简单，是经过思考得出的设计和应用，整个空间柔和素雅的色彩和精致简洁的装饰都让空间低调而迷人。

② 设计师果断拆掉入户玄关柜，打掉储物间的一面墙，将储物间打造成吧台，划归客厅，中岛的设计增加客厅的轻奢感。

▼ 改造前入户玄关

改造后入户门厅

全能改造 / Incredible Renovation | 233

入户玄关 改造剖析

用线条灯改变水泥漆墙的单调

巧妙运用镜面拉伸空间，搭配适宜的涂料增加空间质感

设计师： 果断拆掉入户玄关柜，还280m²豪宅应有的空间感。镜面不锈钢做顶，拉高了整个玄关视觉层高的同时也让整个空间更有趣。水泥肌理漆做的玄关墙，嵌入的线条灯不仅让空间呈现出光影的层次，也改变了水泥漆的单调。

关于涂料，无论是给建筑上涂料还是给家具物品上涂料，都需要根据对象以及使用目的进行选择。涂料能对物品起到保护作用，还可以根据环境的需求改变物品外观，增加美感；其次，涂料还有特殊功能，如防火耐热、防虫防潮、防尘除臭、荧光等。所以，在选择涂料的时候，必须考虑上涂料的目的以及涂料和被涂对象的适宜程度，这不仅需要考虑颜色，还要考虑用途、光照影响、潮湿与否等因素。

▼ 改造前入户玄关

1 FIRSTLY

坐拥大广角江景，合理的家具搭配把美景引入室内

设计师：61层的层高使住宅具有绝佳视野，设计师打掉储物间的一面墙，将空间划归客厅，厨房中岛也被放在这里。站在客厅的大面积落地玻璃前，整个S湾的黄浦江都尽收眼底，采光极佳，视野完美，因此沙发区和中岛的设置都朝着江景依次排布。白天坐在沙发上看轮船一艘艘在江中开过，静态的画面有了点点生机，更显家中的安逸宁静。

如何给客厅打造良好的观景效果是许多改造中必然会遇到的问题，这当中，家具的高度在很大程度上起到决定性作用。人视线高度不同，或站着，或坐在沙发上，或坐在地上，看到的风景都会产生变化，因此开窗的比例就需要仔细衡量。本案坐拥完美江景，大面积开窗是吸收美景的正确选择，再配合较低的沙发、桌椅争取最大的视角，引景入室。

2 SECONDLY

用设计创造奢享生活

设计师： 墙面和房顶均是极简的设计，大气之感顿时彰显，轨道灯和家具的线条相呼应，兼具格调与层次感。夜幕降临，华灯初上，外滩的熙熙攘攘，陆家嘴的霓虹闪烁在窗外上演一出出"夜上海"。整个客厅空间自然形成一个绝佳的观景厅，教人在喧嚣的城市中也要懂得学会享受生活。

改造小贴士

空间布置通常可以从以下几个方面做设计思考：

· 找寻变化与统一的平衡，创造丰富且和谐的空间；
· 如何打造局部与局部、局部与整体的协调性；
· 创造空间规律，设计手法通常有重复、色调层次、用材、对称和不规则等；
· 如何灵活运用黄金分割（0.618:1），给人无声的美感。

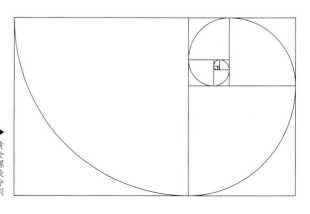

▶ 黄金螺旋分割

3 THIRDLY

关于天花板、墙面和地板的设计

设计师：在天花板、墙壁和地板三部分中，天花板的材质是最容易被忽略的，因为人们并不关心天花板的触感和弹性，大家更关心天花板的美观性。因此，设计时在保障质量的前提下，应该花更多心思在天花板的灯具布置、灯效设计等能增加美感的环节上。

在室内，人们大部分时间都在与地面接触从而产生各种活动，日常生活中地板进入视线的频率相对是最高的。因此，在某种程度上地板的舒适程度直接决定了生活的舒适感，所以地板的选材尤为重要。

室内立面，即墙壁构成室内空间，很多人可能只关心墙壁的涂料、装饰品是否好看，但因为墙壁是能够被触摸的，因此，墙壁在用材上不仅要考虑美观，更要考虑到成品给人的接触体验。

天花板、墙壁和地板是构成建筑的基本要素，虽然三者都离不开持久性、高强度的要求，但如何使它们呈现更好的体验效果是三个不同角度的问题。不同空间的各个面需要发挥不同的性能，虽然要满足方方面面的要求是很难做到的，但只要从不同功能区的用途出发，对各个空间的性能要求作出主次判断，从而进行规划设计，就能在最大程度上打造宜居性住宅。

▼ 夜间的风景视角

4 FOURTHLY

那些漂亮家具，并不是每一款都适合你的家

设计师：家具是家庭的重要构成部分。对椅子、沙发、桌子等具有代表性的家具，最需要注意的就是其尺寸大小。

桌子大小要根据使用人数以及房间大小来决定，其高度也要根据与椅子间的高低关系、空间需要的视线高度等来决定。

椅子座面的高度决定了人坐在上面的感觉是否舒适，太高或者太低的沙发、椅子不但影响视野景观，还容易产生不适感，因此尽量试坐以后再做决定。尤其是国外做的坐具，座面会设计得比较高，坐上去未必会感到舒适。

另外，沙发摆进房间以后，人们可能会意外地感觉沙发比预想的要大，这是对空间测量、效果预测不准确造成的。选择沙发的时候大部分人都会考虑到使用的人数、房间大小等因素，除此之外，靠背的高度、座面的进深也是需要注意的。

组合式灯光，营造各种照明效果

5 FIFTHLY

色彩规划空间，明暗突显层次

设计师：灯光的作用主要有两方面，一是照明，二是渲染气氛、突出主体。

就照明而言，其目的虽然是提供必要的光照，但制造阴影与制造光亮同等重要。在空间中，"暗"的部分能使人在心理上感觉空间更大、更深。利用这个特点，通过在一个空间里制造明暗不同的区域，就能够创造出格调更丰富的室内空间，以应对各种各样的场景。

就渲染气氛、突出主体而言，明暗平衡、光影配合极为重要，营造空间效果时，如果想突出某件物品，就给目标物打亮光，周围背景则相对暗淡，如此通过明暗对比能够达到绝佳的突显效果。

目前照明布置常用的是组合式照明。组合式照明是通过多数量、多种类的灯具照亮一个空间，这样一来就可以根据实际情况进行灯光组合，营造出各种各样的照明效果，即使是一个简单的客厅，也可以变幻出多种场景。

设计灯带，让整体空间更具现代感，同时方便夜间行走。

卧室 改造剖析

| 主卧 |

1 FIRSTLY 统一与变化的结合，拒绝平淡的设计

设计师：主卧里黑、白、木三个主色形成了空间的统一性，通过对比让空间多了层次感。床头白色造型折板从墙面延伸至天花板，在统一中求变化，打破了空间的单调沉寂。床头折板里和床体下设计了灯带，不仅让空间整体看起来更轻盈，极具现代感，也方便夜间行走，两盏极简的吊灯低低地垂下来，干净利落。

衣帽间改成开放式后，能容纳下一张书桌，进而增加了一个小书房的使用功能。改造后的主卧室简洁大方，将空间连在一起，显得更大气。

在空间表现中，棱角分明的空间设计效果往往没有曲直结合的设计来得丰富、舒展。按照直观感受来说，直线或者平面给人的印象是冷静刻板的，而曲线或者曲面给人的印象总是动态的、自由的。因此，确定空间设计总体基调之后，在统一中寻找变化，会给空间不一样的美感。

全能改造 / Incredible Renovation

次卧

2　用简约的灯具创造和谐的室内光效

SECONDLY

设计师：光和人体机能是紧密相连的，因此，人们的优质睡眠和照明效果有着密不可分的关系。夜幕降临，人脑会自动分泌出催眠物质使人入睡；早起后需要沐浴阳光，这样可以调校人体生物钟。为此，尽可能忽略灯具的存在，考虑只对光效本身进行设计的建筑化照明，灯具只是作为构成室内装饰的一个部分，或只是作为制造光影的装置存在就可以了。

The Residential Renovation of A Technical Bachelor

单身科技男的住宅改造

- 设计背景介绍
- 户型格局分析
- 改造要点难点
- 改造过程详解

科技男的居住环境就是脏乱差？
房子采光通风都很棒，为什么就是乱糟糟的？
摆脱刻板印象，设计师教你打造赏心悦目的时尚居室！

01 设计背景介绍 | Design's Background Introduction

住户是一位从事科技工作的单身男子，平常喜欢旅游，总会在旅游时买一些纪念品。他希望这些纪念品都能够在家里不同地方陈列出来。由于纪念品数量多，颜色杂乱，摆在家里总显得不协调。设计师希望有个背景颜色来衬托这些纪念品，使它们看起来不凌乱且能突显出来。因此住宅整体定调为灰色，以多种灰色材质来配置空间的色调，表现不同质感的灰色，也通过灰色主调的渲染，让更多杂色退居次要，从而给空间以整体性。

项目信息 | PROJECT INFORMATION

设计公司 / 两册空间制作所	
改造设计师 / 翁梓富	
参与设计 / 陈佳幼	
项目地点 / 台湾新竹	
项目面积 / 129 m²	主要材料 / 树脂砂浆地坪、清水模、沃克板、超耐磨地板等
使用对象 / 从事科技行业的单身男子	摄影师 / 吴启民

| 环境改造之化繁为简 |

02 户型格局分析 | The Layout Analysis

| 有主题才有统一性 |

① 空间没有主题，结构松散，动线模糊低效。
② 灯光设计单调，没有层次。

03 改造要点难点 | The Key Points and Difficulties

好的家居设计能够给人带来心灵上的慰藉,满足人的精神追求,根据住户的需要加强空间整体性、主题性是项目的重点。

改造过程详解
The Renovation Process Explaination 04

平面图 改造剖析

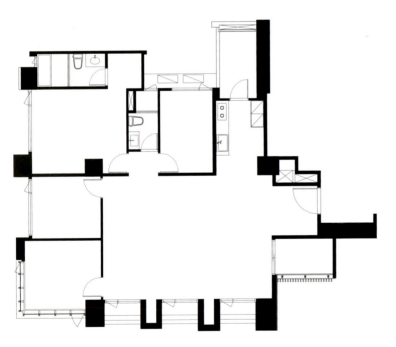

▲ 改造前平面图

① 放射形空间动线如果不加合理规划,容易导致行动路线重复,空间使用效率下降。
② 空间装潢缺乏设计感,没有个性与活力。

► 改造前客厅

▲ 改造后客厅

① 改造后空间定调为轻工业的现代简约风，开放的 LDK 空间给空间整体性与宽敞的空间感。

② 充分利用住宅的采光优势，给空间天然的光线，恰到好处的家具布局让住宅每个角落都有男性美的展现，给居者贵族般的精神满足。

▲ 改造后平面图

► 改造前厨房　　▼ 改造后厨房

▼ 改造前主卧

客厅 & 餐厅 & 厨房 改造剖析

以客厅为中心的的放射形动线

合理的格局规划，打造高效的空间动线

设计师：设计师将 LDK 规划到一起。LDK 一体化可以减少空间隔墙，以达到宽敞的效果。要强调一体感，室内表面材质的统一也很重要，要让空间表面的材质基本一致，或者颜色一致。本案空间主要有两种色系——灰色和白色，透过许多不同质感及深浅的灰色，让空间呈现出丰富的层次感，而白色则是突显灰色的素材。

格局上，本案是以客厅为中心的放射形动线设计。如果可以创造出能让视线穿透延伸的远方，动线给人看不到尽头的延伸感，内部拥有洄游性或创造可以穿过的空间，就可以给住宅以宽敞的空间感。进一步让居住者通过洄游式的动线移动到住宅的各个区域，就可以创造出更多的视觉变化，给空间以丰富性，从而给人宽敞的居住体验。

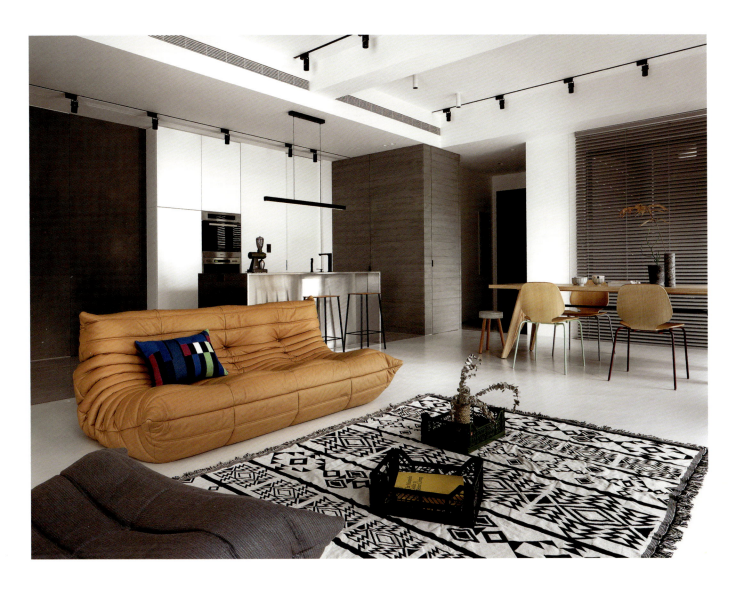

| 客厅改造 |

▼ 改造前后客厅对比

1 FIRSTLY

空间线条的控制与设计

设计师：干净的线条是设计上强调的重点，线条的存在可以让视觉具有方向性。公共领域的配置上，我们打通其中一间卧室以备将来作温室使用，并将地坪材料做整体延伸；一些干净线条组成的玻璃门模糊了空间的界限，使公共空间作为更开阔更弹性的机能使用。

简洁的设计容易让内部装饰布满"线条"，例如踢脚线、顶角线，墙壁与墙壁之间、门窗的边框、柱子和梁等等，各种线条让人眼花缭乱。因此，要实现真正的简洁就要尽可能地消除这些线条。首先，如果没有特殊要求就可以省去顶角线，将墙壁和天花板进行同样的表面装饰。其次，采用平整式踢脚线或者凹入式踢脚线。再者，如果窗框使用无框缘的，门窗隔扇的外框也可以省去。

❷ 客厅光源的布置与灯光氛围的营造

SECONDLY

设计师：客厅应该营造沉稳的照明气氛。取消独立的大灯照明，将天花板的灯分散配置，虽然会让照明灯具增加，但细化的照明布置可以让居者在生活中有选择性地开关一个区域不同照度的灯，达到节能效果。

为避免天花板太杂乱，必须合理安排照明位置，有序美观地排列灯具。在夜晚活动频繁的地方需要重点布置光源，有条件的可以设计几种灯光氛围，如温馨、明亮、观影氛围等，满足业主对不同生活场景的需求。

照明效果表现在提高空间氛围的质感，创造阴影、调整色调，让空间产生明暗变化并在夜间形成空间层次。另外，通过照明效果将一些杂乱物品巧妙地隐藏在暗处，削弱杂物的存在感。拥有强烈生活感的各种物件，如锅碗瓢盆等，我们可以将这些杂物区的照明调弱，以增强空间的整洁简单，给居者以轻松体验。

中岛型厨房布置

设计师： 厨房设置了一个中岛台，不锈钢金属拉丝的材质非常符合男性用户的喜好，注重质感与性能，实现了空间的高级质感。

现代生活中，厨房不再仅仅属于主妇，也属于所有爱好烹饪、追求饮食品质的男同胞，厨房的设计应该根据不同的家庭需求个性化定制。厨房操作台的布局主要有三种：一字形、L字形、U字形。

一字形布局是将水槽、食材处理区、灶台等呈一字摆列构成作业台，而这个作业台可以是沿墙设置的，也可以是岛台或半岛的形式。

L字形布局则是将水槽、灶台等布局为直角连接的形式，这种布局可以提高烹饪效率。

U字形布局大多用于拥有大面积厨房的大户型，可以满足多人同时操作。

喜欢烹饪的人必将拥有将各色厨具，因此厨房设计的重点之一是收纳；其次是工作动线的规划。烹饪顺序大致是取材、清洗、烹饪、装盘上餐桌，所以厨房的动线规划应该是：取材区（冰箱、储物柜等）→处理食材（水槽、加工台等）→备餐区（洗切好的食材放置区）→烹饪区（灶台等）→装盘台（做好的菜放置区）。

厨房岛台的设计可以有效提高烹饪工作的流畅度，也可以是吃饭、聊天或烹饪期间亲子互动的重要场所。

卧室 改造剖析

给卧室以宁静的和谐感，用色彩的统一强调空间主题性

设计师：木材给人天然的亲和感，虽然很多人非常喜欢用木材装饰自己的家，但如果在设计时不注意木材的用法以及用量，反而会容易让人觉得房屋整体比较杂乱。本案中，采用浅色的木材铺设卧室地板呼应客厅的灰白色地板涂料，给空间以统一性与和谐感。卧室中可见的都是大物件家具，灰白色的空间给人舒缓、流畅的宜居感。

颜色的效果之一是让想要隐藏的物品不会成为视线焦点。本案基本上选择灰色等跟影子颜色相近的涂料，降低杂色物品的存在感，从而解决旅游时带回来的色彩丰富的纪念品无法与室内融合的问题。

Enjoy A Beautiful Scenery, Play A Concertos of Two Generations

独享一处好风光，共奏两代人的协奏曲

- 设计背景介绍
- 户型格局分析
- 改造要点难点
- 改造过程详解

房子不算小，客厅却只有过道那么大？还要9个人共享？厨房与餐厅扎堆，有没有办法让二者养眼一点？

01 设计背景介绍 | Design's Background Introduction

住在这里的夫妻即将退休，到了含饴弄孙的年纪，家中的子女也各自到了适婚年龄，由此导致家庭结构改变，空间需求势必也要重新调整。目前，在家中常住的是双亲和尚未结婚的子女，一共3个人，平时偶尔有其他子女及其家庭过来，所以房子不仅需要满足3个人的常住需求，也不能忽视9个人在一起时的共同需要，也因此双亲希望将这套带有一家人记忆的房子重新改造，令其更舒适，方便子女回家相聚。

项目信息 | PROJECT INFORMATION

改造公司	奇拓室内装修设计有限公司
改造设计师	Chlo'e Kao，LIU ZI QI
项目地点	台湾台北
项目面积	87.5 m²
使用对象	即将退休的双亲 +1 位未婚子女 + 不时拜访的 6 位家人

02 户型格局分析 | The Layout Analysis

空间零碎，墙体围合，通风不良，通通要改掉

① 空间比较零碎，虽涵括各种功能空间，但在实际的使用过程中显得过于牵强，反倒不能真正照顾到家人的所需。

② 各个空间都用墙体包围，导致这个介于长方形与正方形的户型有太多地方受限，通风不良、采光不足，甚至白天也得开灯。

改造要点难点 | The Key Points and Difficulties

03

① 对于 3 个人来说，这个房子隔间太多了；对于 9 个人来说，这个房子连一起坐下来交谈的地方都没有，大家在一起的时候，也许风都流不动了，闷热且昏暗。所以改造的一个重要落脚点就是要改变格局，把客厅改大，把房子改亮，让风流动起来，让家更有生活的怡人气息。

② 掀开布帘子，眼前是一个小厨房；进到卧室里，昏暗中可以看见窗帘。除了布帘这一共同点，厨房和卧室还有一个相同点——小。在兼顾家人团聚时刻的需求之外，如何把平时最常用的厨房和卧室改得更敞亮，是这次改造的第二大落脚点。为满足家人过节团聚而放大空间尺度；为年幼孙子安全而简化把手；延伸视觉、加阔视野，让欢笑声成为这次改造的重要任务。

3 个人的时光和 9 个人的团聚相碰撞，缺一不可

改造过程详解 The Renovation Process Explaination **04**

平面图 改造剖析

从平面上来看，设计师拆掉了各部分隔间里的多面墙体，去除了户型上过多的条条框框，形成了开放式的格局。然后将左侧 3 个空间整合为客厅和主卧，一方面可以使客厅变得宽大，另一方面则能增大主卧的面积，借此可以让主卧更方便休息。在邻近阳台的位置，加入一个储物间，改善家中物品到处堆积的现象。

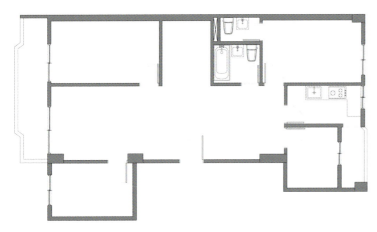
▲ 改造前平面图

▲ 改造后平面图

▼ 改造前门厅　▼ 改造前客厅

▲ 改造后门厅

▶ 改造前餐厅、厨房

改造后,客厅的采光得到优化,以自然光为主,以筒灯、射灯照明为辅助,不再像从前主要靠吊灯。将空间的尺度放大之后,客厅的面积翻倍,家人不再受限于空间,可尽情感受整洁明亮的空间之美;家人更不必挤在过道一般的小客厅,而是可以从容地欢聚,真正享受公共区域之中的一家人的团聚时光。

无主灯照明的设计，令空间更干净利落。

▲ 融入绿意，增添休闲情调

1 用延伸的墙体进行收纳，藏物品于无形

FIRSTLY

设计师： 在玄关到客厅电视墙的区间里，我们用了大面积的柜体。乍看，这只是普通的墙，而实际上它是一个延伸的柜体，提供充裕的收纳空间。这样一来，再搭配着储物间的使用，家中的物品有了合适的归处，家中的人的视线也得以清净，再不用面对各种物品的堆砌。

客厅
改造剖析

2 SECONDLY

以家具摆饰点明风格主题，家是心灵的摇篮

设计师：因为即将退休的双亲喜欢清新、简约的北欧风格，所以我们结合退休长辈想要的"绿意轻慢活"与同住未婚子女的"时尚简约"，以木色为空间主调，用绿植、鹿头摆饰、色彩缤纷的家具作为点缀，重新定义两代人的和谐共生。窗户是光和风最好的伙伴，所以我们把客厅的窗户改成大面的开窗，改善通风和采光。当阳光慢悠悠照进来，当风缓缓吹拂，大自然的气息便萦绕整个客厅，心随之放松，情随之惬意。

3 | 在客厅一侧设小间，可做多种用途

THIRDLY

设计师：在客厅与餐厅中间留出相对独立的小空间，一是考虑到家中双亲的信仰，为其祈祷提供便利；二是这里也具备休闲的另一种模式，即如果愿意，也可在此感受书墨的熏陶，也可享受一回酒香微醺的兴致。

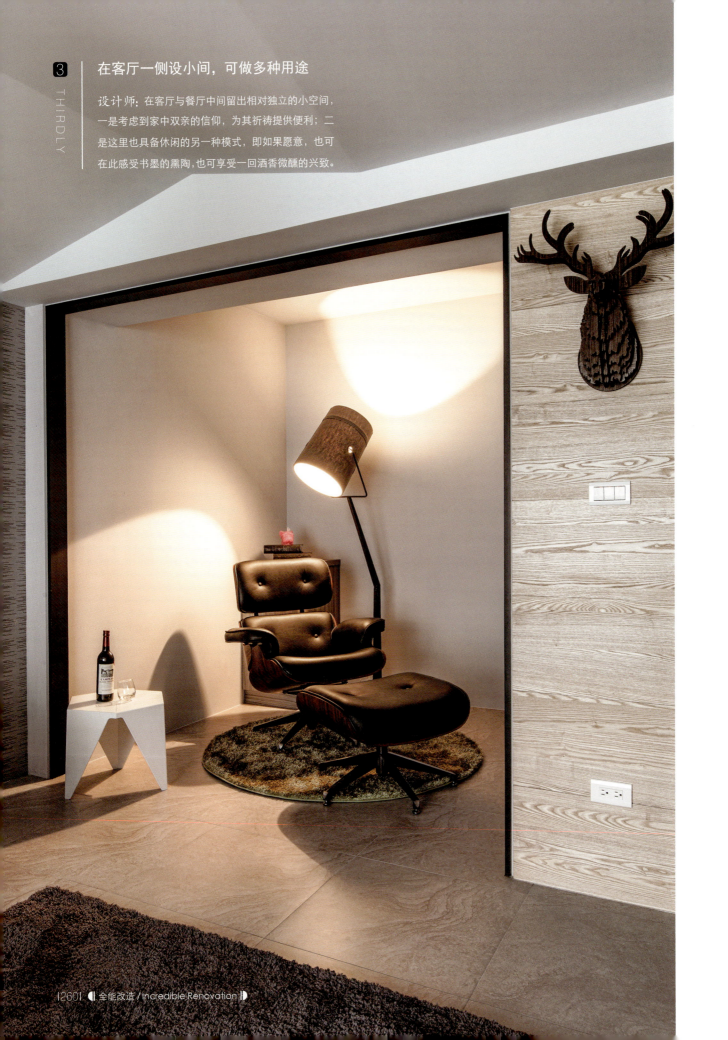

餐厅 改造剖析

1 FIRSTLY

开放式餐厅让家人享受欢聚时光 ▲

设计师：原来的厨房因为墙体的关系和冰箱的缘故，入门狭窄，烹饪操作有很多不便；餐厅对着厨房门，不管是布局还是实际空间都比较局促。改造后，我们把厨房的门改为推拉门，阻隔油烟，也能保障年幼孙子的安全；给餐厅更大面积，也把餐厅与厨房的距离拉大，让客厅、餐厅形成全开放格局。而直线形的操作台的加入，使用起来也更便捷。

2 SECONDLY

添加镜面元素，连接各空间的视线

设计师：镜面因其透明、反光的特点，具有扩大空间和增加深度的作用，是改变空间效果的重要因素。在餐厅使用镜面元素，可以把客厅与餐厅之间的视线联系起来，让空间显得开阔、亮堂。

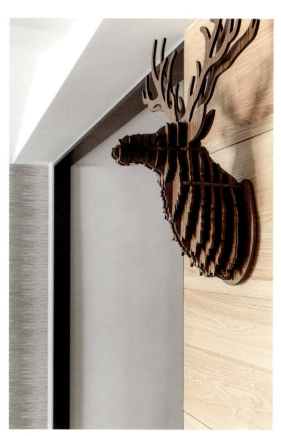

集靠墙设计小吧台，家其实有无限多种可能

利用角落设计一个小吧台，家人可以在这里简单地吃个饭，也可以把烧好的菜暂时放在这里，当然也可以坐在这儿品酒、聊天、游戏。此外，小吧台的融入也让家更时尚，变得有点浪漫，还有点诗意。

卧室 改造剖析

1 FIRSTLY 通过整合将卧室改大，最大化私人空间

设计师：原来的主卧会让人感到"委屈"，床紧贴着墙，墙上是小窗，窗外是阳台，外亮而内暗。在左侧的大空间分为客厅和主卧后，主卧能容下一张大床，还有不少可以让家人自由发挥的部分。

▼ 改造前卧室

2 SECONDLY

斜顶设计是装饰，也是象征

设计师：两代人的思想落差就像来自不同方向的线条，彼此碰撞，造就出"叶脉"般的双斜天花板，符合双亲退休的自然写意与绵延不绝的意涵。

Integration of Chinese and Western, Depicting the Slow Life Scene of Shanghai

中西混搭,绘出魔都的慢生活场景

- 设计背景介绍
- 户型格局分析
- 改造要点难点
- 改造过程详解

超爱收藏品,那就让她们在新家里发挥独一无二的作用!

01 设计背景介绍 | Design's Background Introduction

"静听花开花落,坐看云卷云舒,这里就是我想要的地方。"在东欧生活了十多年,业主 Tingting 回国后就挑中了这个位于上海老外街附近的小区。受西式教育的耳濡目染,Tingting 性格较为跳跃大胆,接受度和对文化的包容度也更高,既喜欢相对中国风和现代风的元素,又对东南亚风格难以割爱,因此她希望在房子里可以将两种风格元素混搭起来。

项目信息 | PROJECT INFORMATION

改造公司	D6 设计(上海金舍建筑装饰工程有限公司)
改造设计师	邵延凤
项目地点	上海
项目面积	122 m²
使用对象	有自己独特想法的女士 Tingting

| 环境改造之混搭风情 |

02 户型格局分析 | The Layout Analysis

户型不错，采光可更佳，承重墙有局限性，阳台失修

① 户型比较方正，但在采光方面还可以做更进一步的改良。

② 户外阳台荒废失修，需要将其改造为突出利用率的休闲空间。

③ 承重墙作为支撑上部楼层重量的墙体，重要性不言而喻，但在这个户型里也带来了不少局限性，在改造时需要针对这个特点来做设计方案。

改造要点难点 | The Key Points and Difficulties

混搭风要搭配出居住者的气质，收藏品要发散光芒

① 房子所在地理位置本身不错，有树影遮挡，又毗邻街道，是闹市中难得的一片净土。在这种环境中，设计师首先面对的是如何把Tingting喜爱的不同风格相结合，如何将截然不同的风格元素融合在一个简约的家里，使之具有与众不同的美感，并符合Tingting的审美以及对家的期待。

② Tingting有许多收藏品，同时她希望这些收藏品都可以展示或运用在自己的家里，所以要以什么样的形式利用收藏品也是设计师必须思考的一个设计重点。

改造过程详解
The Renovation Process Explaination

平面图 改造剖析

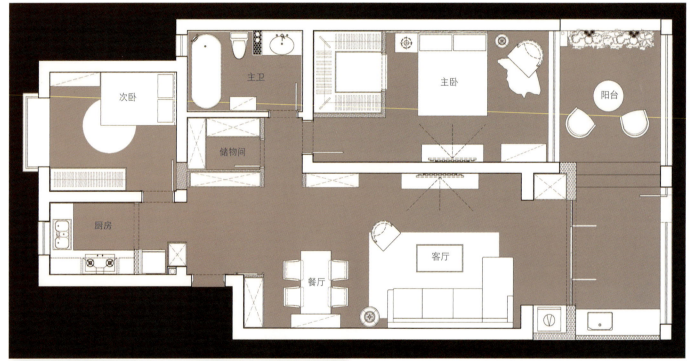

◀ 改造前平面图　　▲ 改造后平面图

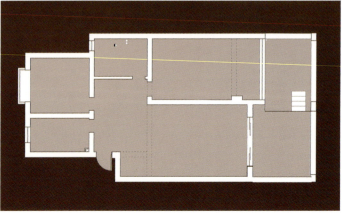

把客厅的室内阳台打通，形成了一个由客厅加餐厅、阳台组合而成的开敞的大空间；再加上厨房与次卧墙体的部分拆除，空间的流畅性变强。在主卧中，辟出一块空间，打造专属于Tingting的衣帽间，满足她有关生活的小而美的诉求。把原先的开窗改为整面墙的开窗，改窄为宽，提升空间的通风与采光功能。

原先房子的天花板的装饰倾向于传统的优雅格调，实际效果比较繁复，有压缩房子层高的缺陷。改造后，房子以"简"为主要诉求，因此仅在安装嵌入式照明灯具的部位做必要处理，显得干净无赘余，放眼望去，有一种自在悠然的感觉。

在地板方面，同样采用工字形拼贴铺设方法，但换一种材质之后，整体效果显然更自然、简朴。

▲ 改造前客厅、门厅

▼ 改造后客厅

以过渡性设计连接不同风格

做旧水泥板是一个过渡，下方安装的黑色柜体可以扩充置物空间，也将玄关与餐厅的中国风元素一点点接入现代摩登中。东欧风情的小摆件偏安一隅，别有一番意趣。

▼ 改造前的厨房较暗，改造后变得明亮

▶ 改造后餐厅

全能改造 / Incredible Renovation | 267 |

客厅 & 餐厅 改造剖析

1 红色长墙、蓝色窗帘，构成客厅与阳台的通透格局

FIRSTLY

设计师：大概是因为在东欧生活的时间比较久，Tingting 的性格比一般人更热情与直接，所以我对她的第一印象色就是热烈又奔放的红色。基于此，在客厅的一面墙的设计上，我选择了独特的红色。

我还打通了客厅附带的阳台，加上了与红色撞色的蓝色窗帘。由于房子位于一楼，考虑到安全，我特意挑选了带锁的开合式门。而洗衣机充满"心机"地躲在后面，实用性能满分，又不会影响观感。

2 SECONDLY

择空间运用，让藏品活起来，让空间古色古香

设计师：藏品都是 Tingting 在不同的时间节点和不同的心境之下带回家的。为了摆放这些藏品，我在小小的餐厅里花费了不少心思。这里是整个公共空间里最具中国风的地方，贝壳灯、佛像、烛台以及碧色花瓶等都集中在这一处，富有文化气息且不会显得突兀或格格不入。

3 THIRDLY

雕花大门一拆为二，互为呼应

设计师：我把古董门装在了储物间的外围、玄关的对面，用来放置鞋子和包包。对于这扇门的重新使用，Tingting 显得格外高兴："我喜欢中国文化的年代感。从将它带回来那时起，我就在思考应该将它摆在哪里合适，直到这一刻，我发现自己找到了最满意的答案。"

四扇雕花大门因为墙面尺寸的关系，被一拆为二。剩下的那一扇，出其不意地安置在了对面，与餐边柜浑然一体，又与这三扇门相呼应。

卧室&阳台 改造剖析

▲ 改造前主卧

| 主卧 |

小窗改大窗，自然风情与复古情怀碰撞出花火

设计师：木质床头墙给卧室多添了几分复古的感觉；床头的橱柜是几十年以前的式样，如今连旧货市场都很难见到；而墙上的挂毯则是Tingting在旅行中带回来的。我对这些物品的运用与Tingting的想法不谋而合，她认为："这些都是岁月的见证者。随着这几年文化倾向的改变与侵蚀，民族文化和手艺被冲击得所剩不多，但我想，总要保留一点我们自己的东西。"

在主卧里，我用一面镜子延伸空间，让卧室更丰富。此外，我把原本窄窄的窗户拓宽至整个墙面。因为房屋有开裂和下沉的情况，我在做改动时也特意保留了下方的墙体。

| 以帘相隔，设半开放式衣帽间；樟木箱，从老旧变得独具一格 |

设计师：衣帽间大概是每个女人都渴望拥有的空间，于是我在主卧中开辟了一个小空间，将其打造成了 Tingting 的专属衣帽间，并设计成半开放式，仅用帘子隔断视线。

"现在的生活都崇尚极简，推崇不要的东西就扔，我不这么觉得。那些旧事物都是带着时间的温度和故事的。换一个地方换一个展示方式，它就能够重获新生。"

比如搁在地上的樟木箱，铺上一块垫子，摆上几件藏品，它就能摇身一变，从"过时的老古董"变成这个卧室里不可或缺的一道风景。在旁边小坐，窗外美景便尽收眼底。

| 户外阳台 |

置绿植，修洗手池，放休闲椅，阳台有一片好风光

设计师：户外阳台是一个小院落，精心挑选的绿植和小花儿将这里塑造成了小花园的模样。原先的洗手池很小，也已经破旧了，所以我重新设计了一个洗手池，同时也是我特意为陪伴 Tingting 多年的爱犬准备的。地面用不同花色的砖块进行组合，有增加这部分空间层次的作用，也避免空间单调。在拍摄时，计划放在留白处的一组休闲椅正在途中，加上它，阳台的舒适度会更高。

改造后记
Renovation Postscript

▲ 改造前户外阳台

家的模样有千千万万，寻寻觅觅的应该是最适合的一种

"我想要一个家，不仅用来安置家人，也用来展示我的这些宝贝们。""我希望这个家可以将中国现代风格与东南亚元素混搭起来。"这是Tingting的期待。这对于没有相关设计经验的我来说，是一个挑战。

经过多次沟通，我决定将中西方元素糅杂在一起，进行一次文化以及色彩上的大胆拼接与尝试，并确定简约与融入是这次设计的主题。在改造的过程中，我们前后一共出了四五个不同的方案，但因为房屋承重墙的结构关系，最终有了现在这套成品。

因为着急入住，Tingting只给了两个半月的工期。所幸，在大家的共同配合下，我们给了Tingting惊喜，就像她说的："或许这不是最特别的，但这一定是最适合我的。"而这也是我们一直在探索的。

The Luxurious and Unique Aesthetics of Eclecticism

折衷主义美学

奢华而又独一无二的

- 设计背景介绍
- 户型格局分析
- 改造要点难点
- 改造过程详解

如何找到空间最佳的动线，从而有利于人的便利性？
空间气质是最直接的表达，也是判断设计成功与否的关键。

01 设计背景介绍 | Design's Background Introduction

这套公寓是新古典路易十六世的装饰风格，带有十七世纪的家具。原来的房间拥挤又幽暗，还有着各种不同品质的物品与家具，设计师希望这个公寓的风格能焕然一新，更加时尚个性。因此，设计师运用了动力学天花板的细节，首先给这个公寓带来光线和一种体积感的印象。同时，加入各种色彩炫丽、新颖时尚的家具，让空间更具美学价值。

项目信息 | PROJECT INFORMATION

项目名称 /	Apartment Avenue Victor Hugo
设计公司 /	Fabrice Ausset
设计师 /	Fabrice Ausset
项目地点 /	Avenue Victor Hugo 75016 Paris
项目面积 /	200 m²
使用对象 /	A collector couple with 3 children
摄影师 /	Frederic Ducout

02 户型格局分析 | The Layout Analysis

优质户型需要良好的动线设计，同时需注重空间软装的陈设和布局

① 原户型空间大，但是利用率不合理，空间动线单一，使用起来不方便。

② 户型本身的采光非常好，不用担心光线问题，只需合理的布局，不要阻挡光线的射入。

③ 原家具色泽暗淡、款式陈旧，缺少生机与活力；加上在布置上较拥挤，导致空间动线不够流畅。

改造要点难点 | The Key Points and Difficulties

03 找到最佳的动线设置，使空间更灵活

① 大胆拆掉不合理的墙体，使动线更简单，使用起来更加方便自如。

② 找到业主的喜好，定位空间的风格，呈现奢华的折衷主义美学。

③ 在家具的选取上，尽量突出质感，保证空间的调性。

改造过程详解 | The Renovation Process Explaination 04

平面图 改造剖析

把阻碍空间动线的墙体打掉，使动线更顺畅。

更改柜体位置，增加空间动线，空间更加开阔，也更灵活。

▲ 改造前平面图

▼ 改造前客厅

面对单一动线的户型，在改造时需要尽量考虑人体活动动线的合理性，尽量多角度多动线，满足灵活自由的需求。我们拆掉原来阻碍动线的墙体，更改柜体的位置等，都能使得空间动线更加丰富，视觉感更加开阔。

▲ 改造前客厅

▶ 改造前平面图

拆除墙体和柜体，改用玻璃隔断，卫浴与卧室彼此相连，变得更大更宽敞，视觉感通透。

▼ 改造后客厅

全能改造 / Incredible Renovation　|277|

入口 改造剖析

1 FIRSTLY

引导视线，色彩成就门厅气质

设计师：入口处采用对比鲜明的绿色树脂涂层进行着色，挂着一幅出自 Tom Fecht 的大型照片作品。大理石台面和香柏木立柱的控制台为 Fabrice Ausset 和 Philippe Hurel 的原创作品。

② SECONDLY

利用巨幅电影画，还原时代感场景

设计师：在壮观的天花板下，是一幅特别自由设计的电影画，由1700块胶合板组合而成，这个展览就是它的表演。

客厅 & 书房 改造剖析

地毯采用4种不同程度的灰色和黑色，用来呼应天花板装饰。

▼ 改造前客厅

1 FIRSTLY

改变原本太过厚重沉闷的风格，想要一间独特个性的房子

设计师：这间巴黎公寓改造的精髓是带有以自由为标志的文学和音乐的折衷装饰。在地板上，定制的地毯采用4种不同程度的灰色和黑色，用来呼应天花板装饰。Signature Murale 的专利石灰色树脂墙纸为墙壁赋予了矿物感，色调冷峻高级。此外，来自20世纪50年代的黑色钢化炉子将房间与入口隔开，墙板用黑色皮革包裹装饰，颇具魅力。

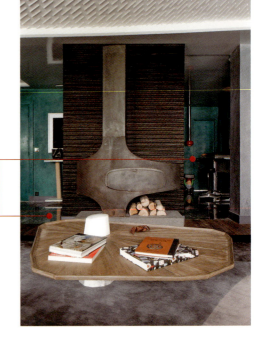

双动线设置，自由灵活。

2 SECONDLY

亲自设计的艺术作品，是设计师个人魅力的直观体现

设计师：几何形状的美国松木咖啡桌镶嵌在由我设计的一个独立的大理石雕塑上，与不锈钢长凳的曲线相一致。在这种让人联想起各种艺术品齐聚的装饰中，每一件室内设计作品都非常振奋人心！

3 THIRDLY

独特雕塑装饰，塑造个人特色

设计师：Robert Couturier 的青铜雕塑"凹陷的躯干"是一种丰富的艺术风格，它庄严地坐落在博彩桌上，四周是四把奥洛收藏椅。

漆面金属板和镀铬金属丝网制成的书架

4 FOURTHLY

没有书房的房子，不叫艺术，请帮我规划好我的藏书

设计师：针对满满的藏书，如果不规划好，会造成空间负担。摆满整整两面墙的书架，是我自己设计的，由漆面金属板和镀铬金属丝网制成。从艺术底蕴出发，书墙真是一件了不起的展示作品。

1 FIRSTLY 改变沉闷刻板的用餐环境，仅需一件艺术品

设计师：用松木镶板的餐厅背景墙上，是古巴艺术家 Ernesto Leal 的三联画，其是为这件作品特别制作的。在这个空间里，它与 One4Star 图形椅子、黑色漆器不锈钢桌子和背光有机玻璃管共处一室，此外地板上还有汤姆·迪克森的镜子球落地灯，打造美妙和谐的用餐环境。

餐厅 改造剖析

2 SECONDLY 狭长厨房空间的开阔感不足，不利于光线的引入

设计师：以白色树脂地板提升空间的亮度，同时注重墙壁和家具的色系选择，偏重鲜明的红色与蓝色，活泼时尚。尽可能大的开窗，与大自然形成良好的互动。

▼ 改造前餐厅

精准延续空间整体的艺术调性
在黑色的背景下，有一幅灰色墙壁壁画装饰。洗手盆是由大块石材切割而成，质感满分。

卧室 改造剖析

主卧面积不大，又想要功能与美感齐全，那么玻璃墙当是主卧空间分区的不二选择

设计师：卧室的墙壁是夸张的粉红色和蓝色色调，分成三个区域，即休息区、睡眠区以及洗浴区。鉴于空间有限，用玻璃墙隔开了壮观的斑纹蜜糖色的玛瑙浴室，使得空间在功能上得到充分满足，视觉上也能得到进一步延伸。